Motor Fan illustrated Hybrid Power Package

NTENTS

Hybrid Power Package

하이브리드 카의 실력

하이브리드 카의 발상은 결코 새로운 것이 아니다.

페르디난트 포르셰(Ferdinand Porsche) 박사는 100년 전에 하이브리드 카를 설계하고 있었다.

그로부터 1세기를 지나, 하이브리드 카는 시대의 최첨단을 달리게 되었다.

현재는 환경부하(환경오염물질 배출)가 적은 최근 미래자동차의 한 형태로, 폭넓게 인정받는 존재가 된 것이다.

그렇긴 하지만 하이브리드 카가 발전 단계에 있다는 것에 이론은 없다.

본 특집에서는 하이브리드 기술의 현재와 미래를 상세히 풀어가도록 할 것이다.

사진: 스미요시 미치히토

취재협력 · 자료제공: 다이하츠공업(주) / TDK(주)/ 토요차자동차(주) / 닛산자동차(주) / 닛산디젤공업(주) / 일본 델피 오토모티브 시스템즈(주)
　　　　　　　　 파나소닉EV에너지(주) / 동일본여객철도(주) / 히노자동차(주) / 본전기연공업(주) / 미쯔비시 후소트럭 · 버스(주)

01 하이브리드는 어디가 "에코(친환경적: eco)"인가?

연비개선= CO_2 삭감. 단 주행환경, 여행속도의 한계가 있음

자동차를 복수의 동력원으로 달리게 하는, 즉 「하이브리드 동력」화. 이에 따라 얻어지는 장점은 무엇인가. 언제부터인가 「하이브리드="에코"」라는 애매한 이미지만이 정형화되고 있다.

좀 더 논리적으로 생각하면, 내연기관만으로 달리는 자동차에 비해 전기에너지 이용 장치, 즉 모터로 구동과 회생(감속시 에너지 회수)을 하며, 이를 위한 전력공급과 저장장치를 갖춘 자동차는 우선 감속할 때에 운

동 에너지로 전기를 발생시키고 브레이크에 의해 열로 바뀔 뿐이었던 것을 「회수」할 수 있다. 이것을 구동력으로 끌어냄으로써 엔진이 소비하는 연료를 줄이는 것이 가능해진다.

심지어 시내주행같이 정지상태가 많은 상황에서는 아이들링 스톱(차량이 정지 후 일정 시간이 지나면 엔진작동이 멈추는 것: idling stop)을 더 효과적으로 사용하는 것도 가능하다. 이것이 실용연비에는 상당히 효과

가 있다.

그러나 이들 「연비 장점」이 실현되려면, 가감속이나 발진정지가 어느 정도 반복적으로 되풀이되는 상황이 전제되어야 한다. 정속도, 특히 고속으로 운행하는 상황에서는 복수의 동력원을 갖춤에 따라 중량이나 공간 용적도 증가하게 된다. 즉 「하이브리드=연비향상」이라는 등식이 성립하는 것은 이동 평균속도가 비교적 낮은 영역에서만 한정된다.

배기가스의 깨끗한 정도는 가솔린 엔진 차량과 거의 동등하거나 약간 우세

현재의 하이브리드 승용차는 순수 EV(전기 자동차: Electric Vehicle)의 개발과 좌절 위에서 태동했다. ZEV(무공해 자동차: Zero Emission Vehicle)를 미국 행정기관에서 요구했고, 그 유일한 해답이 EV였다. 하이브리드 동력차량에 「배기가 깨끗하다」는 이미지가 겹쳐 있는 것은 그런 흐름이 계속 이어져 왔기 때문이 아닐까 생각한다.

현실적으로 오늘날의 가솔린 엔진 차량에서 가장 강력한 배기가스 대책을 시행한 것은 「흡입한 공기보다

도 배기가스 쪽이 유해성분이 적다」 정도이다. 이를 위한 기술은 하이브리드 동력화에서도 변함이 없으며, 국지적 대기오염에 대한 잠재력이 특별히 뛰어난 것은 아니다.

다만 아이들링 스톱(차량이 정지 후 일정 시간이 지나면 엔진작동이 멈추는 것: idling stop)부터 이론공연비(일반적으로는 일시적으로 과농공연비로 한다) 상태에서도 재시동이 가능하다는 등, 극히 한정된 상황에서 유해성분 배출을 억제할 수 있는 측면도 있다.

나아가 「자동차와 생태학」 전반을 살펴보면 모터, 배터리, 강전계통(강한 전기 계통) 등의 기능적인 요소를 갖추고 있다. 그러나 최종적으로는 분해, 회수에 이르는 라이프 사이클의 시작과 끝에 있어서의 에너지 소비나 환경부하(환경오염물질 배출)도 내연기관을 동력으로 하는 일반적인 자동차 제품과 비교하면 약간 많은 경향을 보인다는 사실도 부정하기 어렵다. 결국 모든 것은 「균형」인 것이다.

◉ 하이브리드 차의 실용연비 향상 영역은 저중속 쪽에 있다.

하이브리드/가솔린/디젤의 실측 실용연비를 비교한다

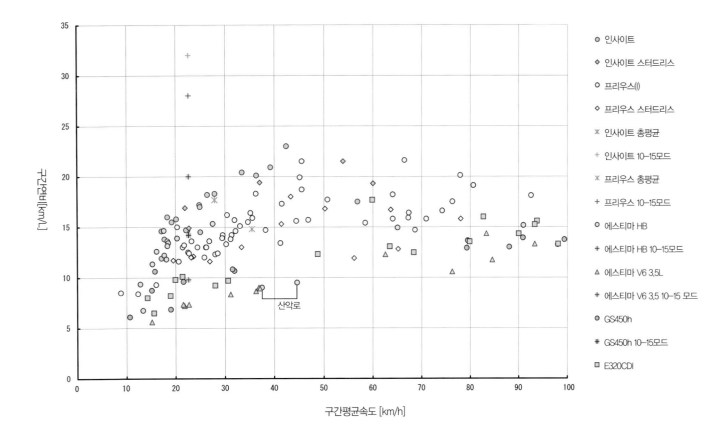

범례:
- ◎ 인사이트
- ◆ 인사이트 스터드리스
- ○ 프리우스(I)
- ◇ 프리우스 스터드리스
- ✳ 인사이트 총평균
- ＋ 인사이트 10–15모드
- ✳ 프리우스 총평균
- ＋ 프리우스 10–15모드
- ○ 에스티마 HB
- ＋ 에스티마 HB 10–15모드
- △ 에스티마 V6 3.5L
- ＋ 에스티마 V6 3.5 10–15 모드
- ● GS450h
- ＋ GS450h 10–15모드
- ▢ E320CDI

(세로축) 구간연비 [km/L]
(가로축) 구간평균속도 [km/h]

(그래프 내 표기) 산악로

이 그래프는 다른 필자가 프리우스(초기 모델), 인사이트(Insight), 에스티마(현재 모델인 하이브리드와 가솔린 3,500cc), GS450h, 메르세데스 벤츠 E320CDI로 실제로 주행하고 계측한 구간연비(연료 유량계, 차량 탑재기기의 표시 등에 따름)를 정리한 것이다.

프리우스(Prius)는 35,000km, 인사이트는 15,000km를 달린 상태의 수치이며, 다른 차량은 수백~1,500km 정도의 주행 차량이지만, 경향은 명료하게 나타나고 있다. 프리우스와 인사이트가 모두 있는 구간의 평균 이동속도가 30~50km/h 부근에서 절정 상태로 나타나 있다. 나아가 저속 쪽에서 연비 저하가 적은 것은 아이들링 스톱(차량이 정지 후 일정 시간이 지나면 엔진작동이 멈추는 것: idling stop) 효과가 크고, 여기서는 전동발진이 가능한 프리우스, 에스티마(Estima)에 이점이 있다. 반대로 평균속도가 80km/h를 넘는 고속운행에서는 하이브리드화의 연비 장점이 사라진다. 인사이트

연비가 전반적으로 좋은 것은 하이브리드화 이상으로 주행저항을 철저하게 줄인 효과 때문이다.

한편 최신 에스티마 하이브리드는 정체가 많은 시가지 주행에서도 더구나 에어컨을 사용했음에도 10km/L의 연비를 유지했다.

고속 쪽에서도 평균 90km/h 전후까지 E320CDI와 대등하다. 엔진의 열 효과가 높은 영역을 잘 이용하여 달리는 이론을, 현실에 잘 적용하고 있다는 인상이다.

02 하이브리드의 개념 자체가 진화했다

예전에 하이브리드는 내연기관과 전기라는 서로 다른 동력을 어떻게 나누어 사용하는가로 분류됐었다. 그러나 프리우스 이후 「두 가지 동력을 혼합(믹스)해서 구동한다」라는 새로운 개념이 등장했고 진화를 계속하고 있다.

그림: 쿠마가이 토시나오

◉ 직렬(시리즈) 하이브리드(Series Hybrid)

▶오늘날 하이브리드의 뿌리
EV(전기 자동차: Electric Vehicle)의 항속거리를 늘려야만……

엔진으로 발전기를 돌려 전력을 만들고, 그것을 모터로 보내 자동차를 구동한다. 즉 내연기관과 전기 동력이 「직렬(시리즈)」로 연결되어 있는 구성이다. 엔진과 구동바퀴 사이의 기계적 전달은 없다. 엔진 + 발전기와 구동모터로만 된 간단한 구성으로도 주행은 가능하지만, 가속을 위한 여력이 부족할 뿐만 아니라 감속시의 회생~전력저장이 불가능하다는 결정적인 약점이 있기 때문에 축전장치를 추가하는 것이 정석이다. 엔진은 배기량과 출력이 약간 작은 것을 장착하고, 열효율이 좋은 영역에서 정상 운전한다.

오늘날의 하이브리드 동력 자동차의 뿌리는, ZEV(무공해 자동차: Zero Emission Vehicle) 실현을 둘러싼 EV(전기 자동차: Electric Vehicle)의 개발에 있다. 즉 순수 EV를 배터리에 저장한 전력만으로 달리게 하려 해도 항속거리가 실용 수준에 도달하지 않는 것으로부터, 운행 시에는 엔진으로 발전하고 배기가스 규제 지역에서는 전동 주행한다는 발상으로 이어져 이 단계에서는 이러한 형태가 시도되었다.

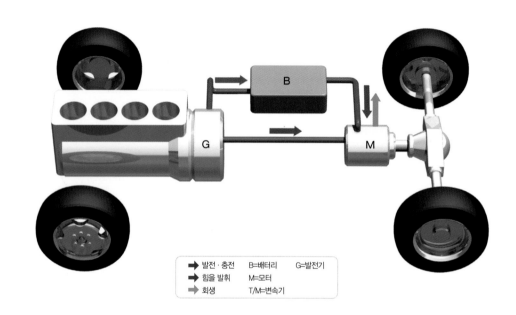

➡ 발전·충전　　B=배터리　　　G=발전기
➡ 힘을 발휘　　M=모터
➡ 회생　　　　T/M=변속기

◉ 병렬(패럴렐) 하이브리드(Parallel Hybrid)

▶내연기관과 전기 동력이 병존
가장 널리 보급되어 있는 형식

엔진+변속기와 전기 동력이라는 두 개의 동력계통이 양쪽 다 단독으로 차량을 구동하며, 이것을 결합하면 양쪽의 동력을 합쳐서 구동할 수도 있다. 즉 내연기관과 전기 동력이 「병렬(패럴렐)」로 결합되어 구동하는 방식이다. 그렇긴 하지만 현실적으로 자동차가 주행하는 중에는 전력을 차에서 만들어 저장할 필요가 있기 때문에, 엔진이 구동하는 발전기를 갖추고 있다.

전기 모터에서 나오는 출력(구동력)은 내연기관의 토크 특성을 실제주행 가운데 필요한 구동력 특성에 맞추기 위한 변속 장치, 즉 변속기의 후방 쪽에 합류시킬 경우와 전방 쪽에서 합류시켜 엔진 출력과 함께 변속해 구동력으로 삼는 경우 두 가지가 있을 수 있다. 어느 쪽을 채택할지에 따라 모터의 회전—출력특성이 변화한다. 엔진을 구동계로부터 차단할 수 있는 형식은 감속할 때 에너지 회수 효율을 높이기 위해 필수라 할 수 있다.

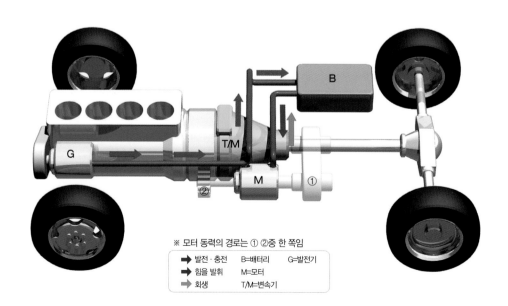

※ 모터 동력의 경로는 ① ②중 한 쪽임

➡ 발전·충전　　B=배터리　　　G=발전기
➡ 힘을 발휘　　M=모터
➡ 회생　　　　T/M=변속기

◉ 결합식 하이브리드(Combined Hybrid)

▶다른 종류의 동력을 자유롭게 분할·혼합
기구는 간단하지만 작동은 복잡함

엔진, 전기모터 그리고 발전기라는 하이브리드 동력화를 구성하는 세 가지 요소를 갖추고 있으며, 각각의 작동과 토크 특성을 적절히 유지시키면서 「다른 종류의 동력을 자유롭게 혼합해 구동력을 만든다」는 것이 가능한 구성이다. 달리 말하면 「병렬(패러렐) 하이브리드의 개별 구동+결합된 구동도, 직렬(시리즈) 하이브리드의 발전~모터구동도 가능한」 메커니즘을 갖는 기구형태이다.

토요타는 프리우스(초기)에서 「동력분리 기구」라고 부른, 단일 유성기어에 그 동작 유형을 전환하는 반력(反力)으로 발전기를 조합시킨 기구로써, 간단하면서 작동은 복잡해지는 기묘한 장치를 고안하여 도입한 것이다. 필자의 눈으로는, 이 기구는 「동력분할」임과 동시에 「동력혼합」이라고 생각된다. 「직렬(시리즈)=병렬(패러렐) 방식」으로도 말하지만 여기서는 「혼합화」라는 의미에서 결합식 하이브리드(Combined Hybrid)라고 부르기로 한다.

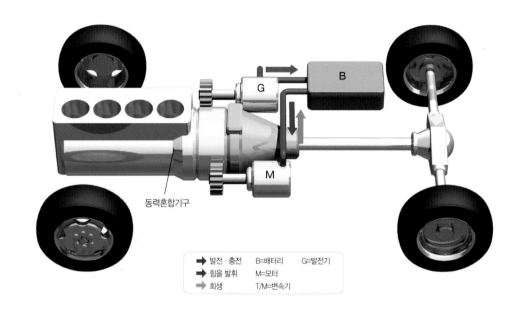

동력혼합기구

➡ 발전·충전	B=배터리	G=발전기
➡ 힘을 발휘	M=모터	
➡ 회생	T/M=변속기	

◉ 모터 도움(모터 어시스트)

▶가장 간단하며 저렴한 형식
운전성능의 최적화가 난점

엔진의 출력부분에 모터를 직접 연결해 토크 상승과 감속할 때 에너지 회수 양쪽을 수행한다. 즉 기존의 엔진+변속기에 의한 동력계통 중간에 모터를 끼워 넣은 구성이다.

넓게는 병렬(패러렐) 하이브리드에 속하지만, 기능면에서 결정적인 차이가 있기 때문에 여기서는 별도로 분리했다. 당연하지만 기구적으로는 가장 간단해서, 엔진의 플라이휠 부분에 끼우는 모터, 적량의 축전장치, 제어계통만을 부가하면 하이브리드화의 연비 장점을 어느 정도는 획득할 수 있다. 그러나 감속할 때 에너지 회수에 있어서는 엔진이 모터와 같이 계속 돌기 때문에 연소를 멈추고 있어도 소위 말하는 엔진 브레이크 부분만큼은 회생 에너지가 줄어든다. 또한 모터의 토크가 구동력에 얹히고 빠지는 부분에서 구동에 「꺾기는」 느낌이 생겨 운전성능의 최적화가 어렵다.

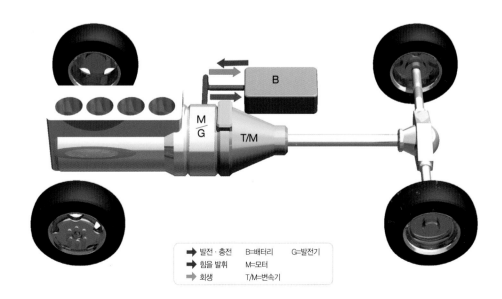

➡ 발전·충전	B=배터리	G=발전기
➡ 힘을 발휘	M=모터	
➡ 회생	T/M=변속기	

03 토요타 하이브리드 장치(THS) ~그 출현과 발전

내연기관 + 모터라는 하이브리드 동력 자동차의 역사는 길다.
그러나 일반 사용자가 일상적으로 사용하는 자동차로 개발,
생산되어 사회에서 이용되는 일은 없었다.
그런 상황을 다르게 변화시킨 것이 토요타의 프리우스이다.
간단한 메커니즘으로 「동력분할·혼합」을 하는 새로운 하이브리드 장치를 고안했으며,
주변기술까지 포함해 시판 실용차로서의 모습을 갖추었다.
이 실험적인 프로그램을 추진한 토요타가 기업으로서의 결단을 하지 않았다면
하이브리드 동력은 아직 자동차 사회 속에서 시민권을
획득하지 못했을지도 모른다.

글: 모로즈미 타케히코 · 그림: TOYOTA

외관은 칼티(토요타 자동차 칼티(Calty) 캘리포니아 디자인 연구 센터)안을 기본으로 했다. 혁신성을 표현했으며, 어느 의미에서는 악센트가 강한 디자인이다. 실내장식도 이에 상응하는 모습으로 중앙 계기와 디스플레이를 축으로 한 T자형을 곡면으로 구성하였으며, 경량화와 견고성을 추구한 시트 등 새로운 시도가 반영되었다.

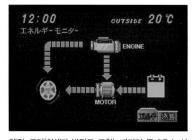

엔진, 모터(회생과 발전도 포함), 배터리 등 3요소 사이를 에너지가 어떻게 움직이는지를 나타내는 표시로서 지식적 드라이빙을 유도하는 느낌이다.

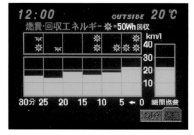

순간연비와 5분마다의 평균연비를 바 그래프로 표시하면서, 회생할 때에 전력을 저장한 것도 표시(1개가 50Wh, 1/2의 25Wh이므로)하는 연비표시도 프리우스부터 시작되었다.

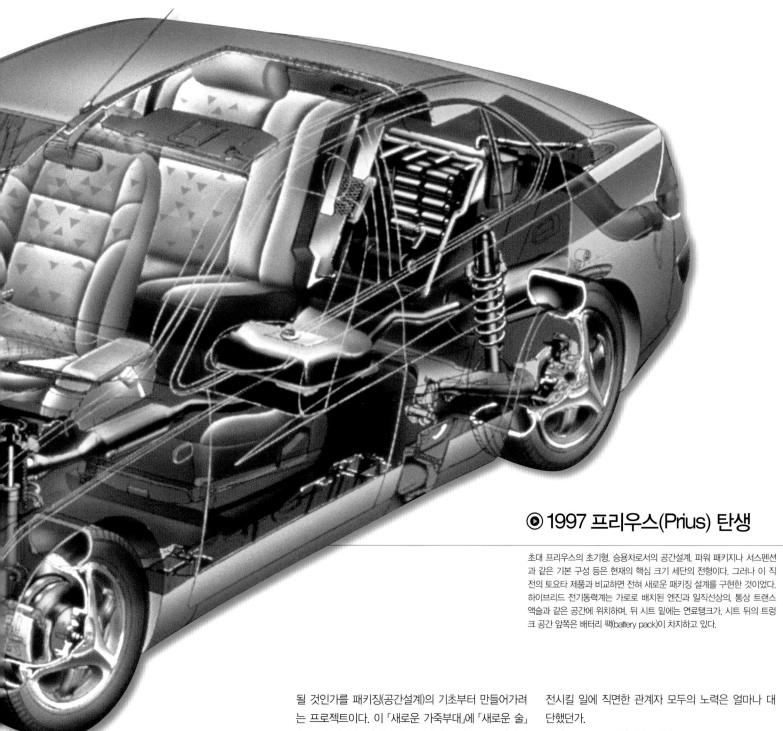

⊙ 1997 프리우스(Prius) 탄생

초대 프리우스의 초기형. 승용차로서의 공간설계, 파워 패키지나 서스펜션과 같은 기본 구성 등은 현재의 핵심 크기 세단의 전형이다. 그러나 이 직전의 토요타 제품과 비교하면 전혀 새로운 패키징 설계를 구현한 것이었다. 하이브리드 전기동력계는 가로로 배치된 엔진과 일직선상의, 통상 트랜스액슬과 같은 공간에 위치하며, 뒤 시트 밑에는 연료탱크가, 시트 뒤의 트렁크 공간 앞쪽은 배터리 팩(battery pack)이 차지하고 있다.

초대 프리우스의 탄생에는 두 가지 복선, 즉 최근의 상품이 아니라 차세대 기술을 창출해야 하는 두 가지 프로젝트가 존재한다. 하나는 물론 하이브리드 동력장치의 개발이다. 그것도 기존 개념에서 탈피하여(그러지 않으면 또 사회의 벽에 부딪힐 뿐) 두 개의 동력을 자유로이 혼합하면서 현실적으로 주행 중에 연비 장점이 명확하게 드러나는 것을 생각했던 기술그룹이 있었다. 또 하나는 "G21"로 불린, 핵심 크기 즉 「어른 4명과 짐을 싣고 다양한 사용방법과 주행방법에 대응할 수 있는 승용차의 핵심적 존재」의 다음 세대는 어떻게 구현

될 것인가를 패키징(공간설계)의 기초부터 만들어가려는 프로젝트이다. 이 「새로운 가죽부대」에 「새로운 술」을 넣어 혁신을 밟아가려는 결단이 프리우스를 세상에 내보낸 것이다.

하이브리드 동력 장치인 구동계통, 발전계통, 전력제어계통 등은 일반적인 파워 패키징인 트랜스액슬 부분에 대체되기까지 집약되고 소형화되었다. 원래부터가 거주공간의 최적화를 추구한 패키징이며, 그 일부를 배터리로 나눔으로써 이제까지 없던 "실용적인" 하이브리드 동력 승용차가 등장한 것이다. 그리고 더 나아가 월 생산 200대 정도의 실험적인 소량 생산을 계획했었지만, 갑자기 수 배 심지어는 열 배의 생산규모로 바뀌게 되고, 더구나 완전히 새로운 동력장치, 특히 배터리나 강전계통 제어의 신뢰성이나 내구성을 확인하고 발

전시킬 일에 직면한 관계자 모두의 노력은 얼마나 대단했던가.

이 초대의 초기형식은, 하이브리드의 기술적 의미를 철저히 추구해 만들었으며, 실제로 달리면서 피부로 느낄 수 있었다. 모델 수명의 중간에 이뤄졌던 부분적인 소규모의 외형 변경(minor change)은, 배터리나 제어계통에 대해서는 실질적으로 완전한 변경이라고 해도 좋을 정도의 내용이었다고 한다. 동시에 시장의 목소리도 반영해 구동력을 더 강하게 하고 차체도 좀 줄이는 등 다양한 변화가 반영되었다. 신뢰성 등을 포함해 상품으로서의 개선은 진전되었지만, 주행성능과 관계된 하이브리드 동력제어, 타이어를 부드럽게 사용케 하는 발놀림(foot work) 등, 자동차로서의 본질추구에 있어서는 미묘하게 후퇴한 인상을 남기고 있다.

프리우스(I) THS

단순한 기구, 복잡한 기능의 "최적 해법"

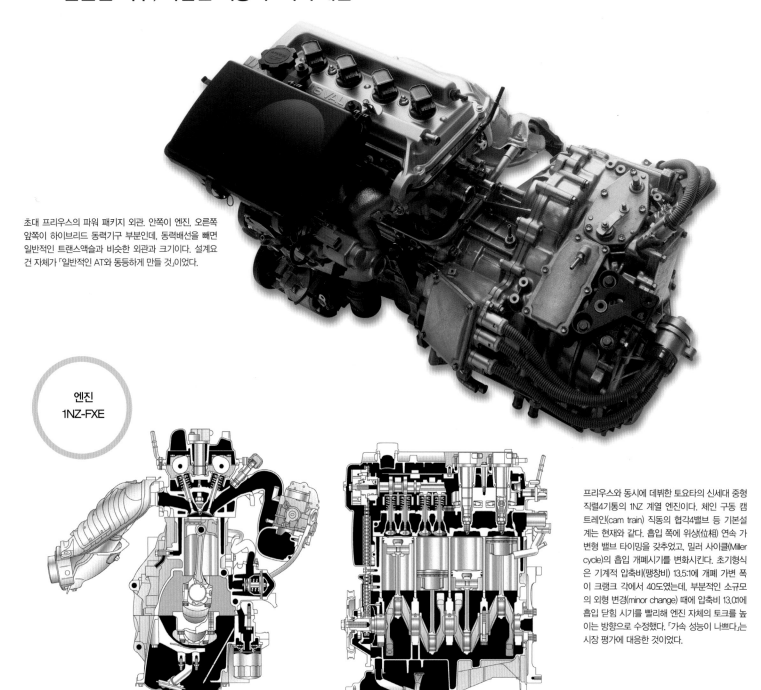

초대 프리우스의 파워 패키지 외관. 안쪽이 엔진, 오른쪽 앞쪽이 하이브리드 동력기구 부분인데, 동력배선을 빼면 일반적인 트랜스액슬과 비슷한 외관과 크기이다. 설계요건 자체가 「일반적인 AT와 동등하게 만들 것」이었다.

엔진
1NZ-FXE

프리우스와 동시에 데뷔한 토요타의 신세대 중형 직렬4기통의 1NZ 계열 엔진이다. 체인 구동 캠 트레인(cam train) 직동의 협각4밸브 등 기본설계는 현재와 같다. 흡입 쪽에 위상(位相) 연속 가변형 밸브 타이밍을 갖추었고, 밀러 사이클(Miller cycle)의 흡입 개폐시기를 변화시킨다. 초기형식은 기계적 압축비(팽창비) 13.5:1에 개폐 가변 폭이 크랭크 각에서 40도였는데, 부분적인 소규모의 외형 변경(minor change) 때에 압축비 13.0:1에 흡입 닫힘 시기를 빨리해 엔진 자체의 토크를 높이는 방향으로 수정했다. 「가속 성능이 나쁘다」는 시장 평가에 대응한 것이었다.

엔진과 모터의 토크를 중간에 끊김없이 혼합

하이브리드의 실용화를 막아 온 것은 「어느 정도의 실용성능을 얻을 수 있는가」, 「장치의 복잡화, 중량 증가가 현실적 허용범위 안에서 가능한가」, 「비용 상승」과 같은 벽이다. 이것을 한 번에 돌파한 것이 엔진, 모터, 발전기라는 하이브리드 동력기구를 구성하는 3요소를 단 한 개의 유성기어의 3요소에 조합시키는 것만으로, 엔진→변속→구동, 모터→구동, 엔진+모터→구동, 엔진→발전→모터→구동, 회생과 같이 다양한 동력

전달, 동력혼합 패턴을 실현하는 「콜럼버스의 달걀」과 같은 기계설계였다.

어느 기능을 실현하기 위한 기구요소가 적으면 우선 콤팩트하게 만들 수 있다. 초대 프리우스 등장 이전인, 당시의 코로나 프레미오(Corona Premio)에 이 장치의 시제품을 탑재한 차량으로 시험주행 체험을 가졌었는데, 그 때 이미 통상적인 트랜스액슬로 바꾸는 것만으로도 될 만큼 크기나 형상이 콤팩트했었다.

그러나 프리우스에 실제로 장착하는데 있어서는 신세대 패키징에 맞춰 일반적인 소형화가 가해졌다고 한다. 또한 적은 기구요소는 당연히 공업제품으로 치자면 비용 인상요인의 억제와 직결된다.

이것도 프리우스의 시장침투, 하이브리드 동력 승용차의 상품화에 있어서는 상당히 중요한 관점이었을 것이다.

그리고 앞서 언급한 시제품 차량 단계에서, 동력혼합

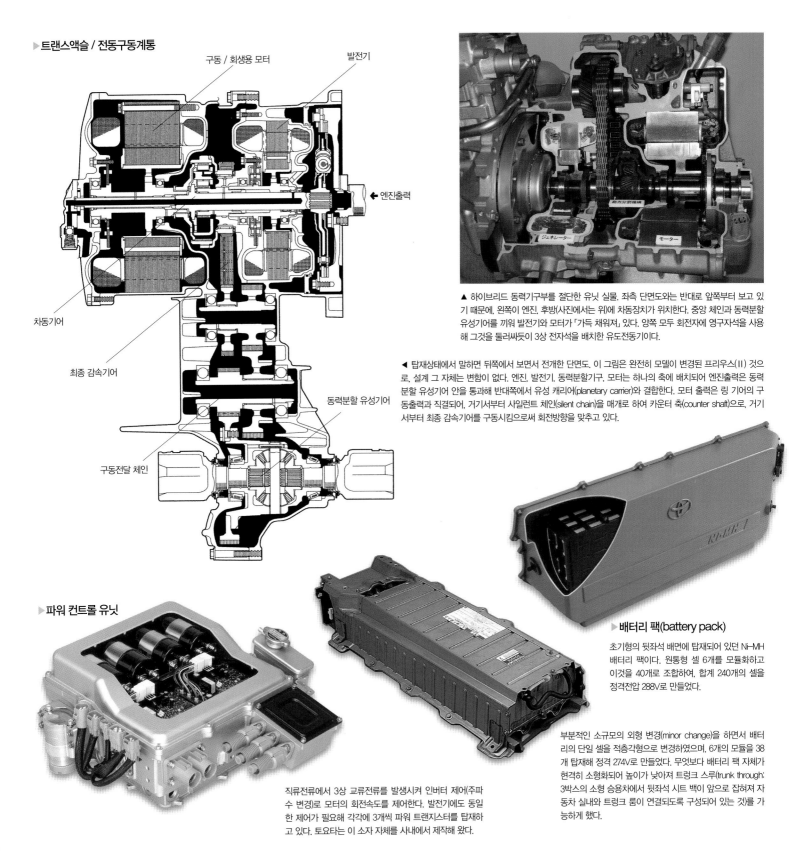

▶ 트랜스액슬 / 전동구동계통

구동 / 회생용 모터

발전기

차동기어

최종 감속기어

동력분할 유성기어

← 엔진출력

구동전달 체인

▲ 하이브리드 동력기구부를 절단한 유닛 실물. 좌측 단면도와는 반대로 앞쪽부터 보고 있기 때문에, 왼쪽이 엔진, 후방(사진에서는 위)에 차동장치가 위치한다. 중앙 체인과 동력분할 유성기어를 끼워 발전기와 모터가 「가득 채워져」 있다. 양쪽 모두 회전자에 영구자석을 사용해 그것을 둘러싸듯이 3상 전자석을 배치한 유도전동기이다.

◀ 탑재상태에서 말하면 뒤쪽에서 보면서 전개한 단면도. 이 그림은 완전히 모델이 변경된 프리우스(II) 것으로, 설계 그 자체는 변함이 없다. 엔진, 발전기, 동력분할기구, 모터는 하나의 축에 배치되어 엔진출력은 동력분할 유성기어 안을 통과해 반대쪽에서 유성 캐리어(planetary carrier)와 결합한다. 모터 출력은 링 기어의 구동출력과 직결되어, 거기서부터 사일런트 체인(silent chain)을 매개로 하여 카운터 축(counter shaft)으로, 거기서부터 최종 감속기어를 구동시킴으로써 회전방향을 맞추고 있다.

▶ 배터리 팩(battery pack)

초기형의 뒷좌석 배면에 탑재되어 있던 Ni-MH 배터리 팩이다. 원통형 셀 6개를 모듈화하고 이것을 40개로 조합하여, 합계 240개의 셀을 정격전압 288V로 만들었다.

▶ 파워 컨트롤 유닛

직류전류에서 3상 교류전류를 발생시켜 인버터 제어(주파수 변경)로 모터의 회전속도를 제어한다. 발전기에도 동일한 제어가 필요해 각각에 3개씩 파워 트랜지스터를 탑재하고 있다. 토요타는 이 소자 자체를 사내에서 제작해 왔다.

부분적인 소규모의 외형 변경(minor change)을 하면서 배터리의 단일 셀을 적층각형으로 변경하였으며, 6개의 모듈을 38개 탑재해 정격 274V로 만들었다. 무엇보다 배터리 팩 자체가 현격히 소형화되어 높이가 낮아져 트렁크 스루(trunk through: 3박스의 소형 승용차에서 뒷좌석 시트 백이 앞으로 잡혀져 자동차 실내와 트렁크 룸이 연결되도록 구성되어 있는 것)를 가능하게 했다.

에 의한 완전히 새로운 구동이 위화감 없이, 심지어 순조롭게 마무리될 가능성이 있다는 것을 체감했던 기억이 난다.

이 메커니즘은, 엔진 출력을 구동바퀴에 전달하는 가운데 연속가변변환기, 즉 CVT(무단 자동 변속기: Continuously Variable Transmission)로써 기능하며, 엔진과 모터의 토크를 중간에 끊김없이 "혼합"하는 것이다.

그 기본은 「동력분할기구」라고 불리는 유성기어에 있어서, 발전기의 부하를 바꿈으로써 결합하는 선 기어(sun gear)에 회전 반력을 만들어내는 부분에 있다. 이 반력에 의해 다른 2요소, 유성기어(엔진과 결합), 링 기어(구동용 모터와 결합) 사이에서 상호 회전운동이 일어나, 즉 발전기 부하를 바꿈으로써 변속도, 엔진과 모터의 상호 회전수가 다른 상태에서의 차동에서 동조화되는 움직임도 일으킬 수 있게 된다. 다만 반대로 얘기하면, 변속이나 동력혼합일 때, 반드시 발전부하를 걸 필요도 있다.

이 연속가변기구와 조합함으로써, 엔진은 효율이 좋은 영역에 어느 정도 좁혀서 사용할 수 있다. 거기서 기계적 압축비(팽창비)를 높여, 흡입밸브의 닫힘 시기를 지연(압축행정에 들어가고 나서)시킴으로써 실효압축비를 낮추는 밀러(Miller) 사이클[토요타는 애트킨슨(Atkinson) 사이클이라고 호칭]을 도입해 그 상용 영역의 열효율 상승을 도모하고 있다.

THS의 작동~동력분할·혼합

프리우스의 하이브리드 동력장치 전체를 나타낸 것으로서, 엔진을 포함한 기계계통, 전기 동력계통, 그것들을 총괄하는 제어계통의 구성을 나타낸다. 이 그림 자체는 2003년 완전히 모델이 변경된 프리우스(II) 것인데, 배터리→모터 구동전압의 승압을 빼고 초대 초기형식부터 기본은 바뀌지 않았다.

액셀러레이터 작동이나 주행상황에 대해 엔진을 어느 조건에서 운전하면서, 모터에 어떤 구동전압을 보내고, 동력분할·혼합의 키를 쥔 발전기에 어느 정도 발전을 시킬 것인가, 즉 전력부하를 걸 것인가. 항상 이것들을 융합해서 제어하는 일이 필수가 된다. 이 제어의 기본을 확립하는 것만으로도 상당한 해석이나 실험이 필요했을 것이라는 것은 상상하기 어렵지 않다.

사람=기계 계통인 자동차를 인간은 어떻게 운전하는가. 구동력의 정밀한 관리가 자연스럽게 이뤄지는 것이 「좋은 파워 패키지」이다. 그런 의미에서 이 THS에서는 차속의 변화, 가속도의 증감과 엔진 회전수의 상승하강 관계가 직접적이 아니라, 무심코 액셀러레이터를 과도하게 밟는 경향이 나타나기 쉽다. 특히 강한 가속을 만들려고 했던 초대의 부분적인 소규모의 외형 변경, 그리고 II형은 오히려 이 점에서 후퇴하는 경향마저 띤다. 다양한 운전자와 폭넓은 주행상황에 있어서 실용연비를 높은 수준에서 안정시키기 위해서는, 이 사람=기계 계통으로서의 제어내용, 알기 쉽게 얘기하면 운전성능의 개량이 아직도 필수이다. 한편 II형부터 에어컨 냉매 압축기가 전기모터 구동(HV 배터리 전력 직접공급)으로 바뀌었다.

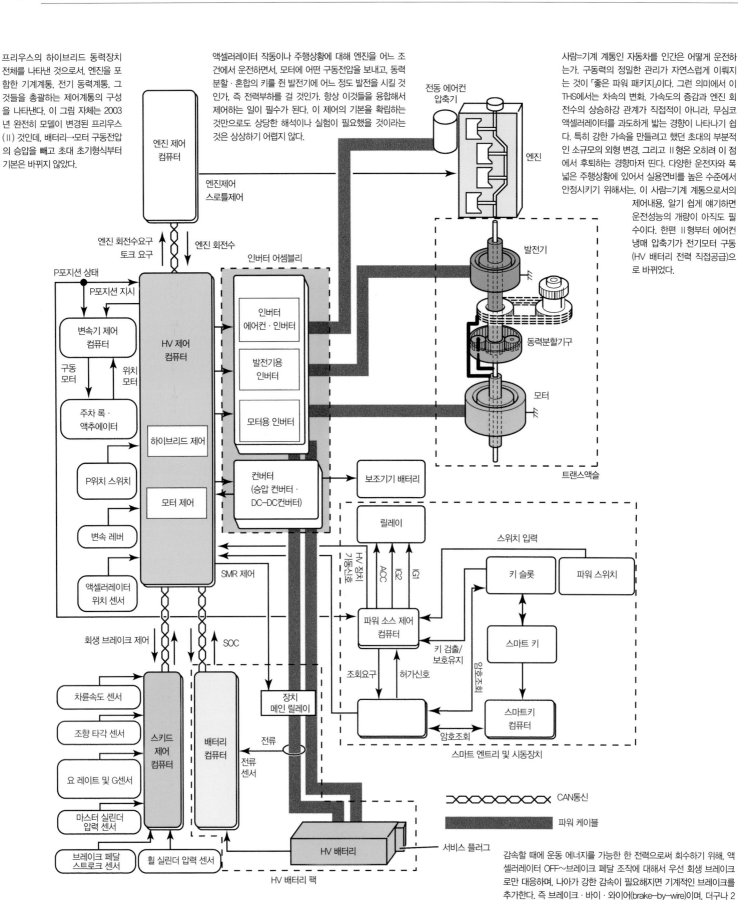

감속할 때에 운동 에너지를 가능한 한 전력으로써 회수하기 위해, 액셀러레이터 OFF~브레이크 페달 조작에 대해서 우선 회생 브레이크로만 대응하며, 나아가 강한 감속이 필요해지면 기계적인 브레이크를 추가한다. 즉 브레이크·바이·와이어(brake-by-wire)이며, 더구나 2종류의 감속부하를 혼합해 제동효과를 만들어낸다. 여기서 발생한 전력이 배터리에 원활하게 손실 없이 들어가는지(충전되는지) 등이 중요한 관점이 된다.

▶ 엔진 시동

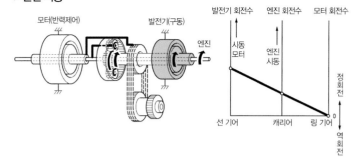

모터(반력제어)　발전기(구동)　엔진

발전기 회전수　엔진 회전수　모터 회전수

시동모터　엔진시동

정회전 / 0 / 역회전

선 기어　캐리어　링 기어

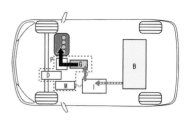

대표적인 주행 형태에 있어서의 THS 각 요소, 특히 하이브리드 동력기구 부분의 발전기와 모터, 동력분할 기구 각각의 작동, 구동경로를 소개한다. 발전기는 발전뿐만 아니라, 엔진 출력에 대해 동력분할 유성기어를 CVT로써 기능시키는, 엔진+모터의 구동력 혼합, 모든 상황에서 유성기어의 각 요소간의 힘의 이동에 관계한다.

정지시나 모터 주행 중에 모두 엔진 시동에는 발전기를 모터로 사용하며, 유성기어가 자전하면서 공전해 크랭킹시킨다. 강력한 모터이며 이론공연비의 혼합기로 확실하게 시동한다.

▶ 발진가속

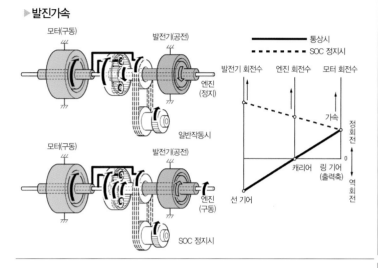

모터(구동)　발전기(공전)　엔진(정지)

일반작동시

모터(구동)　발전기(공전)　엔진(구동)

SOC 정지시

━━ 통상시
---- SOC 정지시

발전기 회전수　엔진 회전수　모터 회전수

가속

정회전 / 0 / 역회전

선 기어　캐리어　링 기어(출력축)

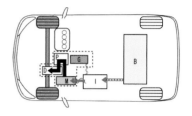

발진은 모터 구동. 구동력 단속 장치가 없기 때문에(필요 없음), 엔진은 구동계통에서 차륜까지가 회전하는 상태에서 구동에 관여한다. 이 「엔진정지 상태에서의 모터발진」이야말로 발진정지의 빈도가 높고 이동 평균속도가 낮은 영역에 있어서 현실 연비를 좋게, 더구나 운전이나 흐름의 변동에 대한 격차를 적게 하는 열쇠이다. 조금 움직이는 것만으로도 엔진을 시동해야 한다면, 아이들링 스톱(차량이 정지 후 일정 시간이 지나면 엔진작동이 멈추는 것: idling stop)의 장점이 없어지는 것이다. II형에서는 모터 구동만으로 달리는 "EV 모드"도 있어서, 배터리의 전력 잔량에 여유가 있으면 도심 사용영역은 전동차화하는 것도 가능하다. 다만 전력 잔량이 줄면 엔진을 돌려 오로지 충전만 한다. I형에서도 주행 중에 액셀러레이터를 되돌려 일순간 회생모드로 들어가 엔진을 멈추고, 거기에서 액셀러레이터를 밟아 모터만으로 달리는 "비법"이 있다.

▶ 정상주행

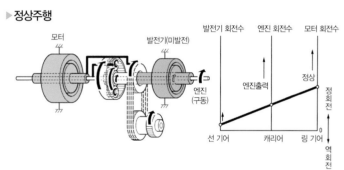

모터　발전기(미발전)　엔진(구동)

발전기 회전수　엔진 회전수　모터 회전수

엔진출력　정상

정회전 / 0 / 역회전

선 기어　캐리어　링 기어

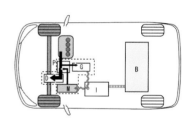

중고속 영역에서 일정한 구동력을 가하면서 속도를 유지하는 주행상황에서는, 엔진의 회·토크를 적당히 변속하여 구동바퀴로 전달한다. 이 변속은, 발전기에 주어지는 발전부하에 의해 동력분할 유성기어의 선에 반력을 가함으로써, 그 주위를 유성 캐리어 전체가 공전하는, 그 속도비에 의해 만들어낸다. 모터는 구동바퀴와 연결되어 있는 링과 직결되어 있으며, 같이 회전하고 있다. 엔진은 회전과 부하 관계 속에서 연비가 변동한다. 좀 더 부하를 높여도 연료소비가 변하지 않는 영역에서는 발전부하를 걸어도 연료소비는 늘지 않고, 그 전력을 모터로 직접 보내 구동력을 늘림으로써, 전체적인 효율을 높이는 식의 동력혼합도 이뤄지고 있다.

▶ 가속

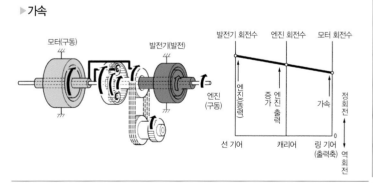

모터(구동)　발전기(발전)　엔진(구동)

발전기 회전수　엔진 회전수　모터 회전수

엔진(반력)　증가 엔진 출력　가속

정회전 / 0 / 역회전

선 기어　캐리어　링 기어(출력축)

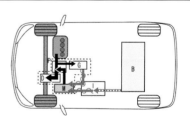

차량 크기, 중량에 대해 상대적으로 약간 작은 엔진을 장착해, 가능한 한 효율이 좋은 상황에서 운전하며, 더 큰 구동력을 필요로 할 때는 모터의 토크를 상승시킨다. 이것은 하이브리드 동력화에 따른 기본적인 연비개선의 방법이다. THS는 강력한 가속이나 등판이 요구되는 상태에서는 엔진 회전수와 부하를 높인 상태에서 연속적으로 변속해서 구동한다. 발전부하도 걸고 있기 때문에 그 전력을 모터로 보내며, 필요하면 배터리에서 전력을 끌어와 모터의 발생 토크를 높인다. 동력분할 유성기어 가운데서는, 유성 캐리어의 자전+공전을 만들음으로써 CVT로서는 우선 감속비를 크게 한다. 즉 운전자에 따라서는 엔진 회전수만 상승하는 순간이 있게 되며, 그 가운데 모터도 더해진 가속이 시작된다. 속도가 높아짐에 따라 감속비는 작게 되고, 전체가 하나로 회전하는 직결 상태와 가깝게 된다.

▶ 회생(에너지 회수)

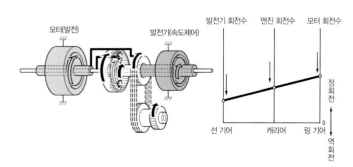

모터(발전)　발전기(속도제어)　엔진

발전기 회전수　엔진 회전수　모터 회전수

정회전 / 0 / 역회전

선 기어　캐리어　링 기어

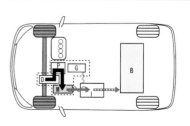

감속 시에는 구동바퀴와 직결되어 있는 모터를, 차륜 쪽부터 회전시키면 회전자의 자계(磁界)가 움직여 스테이터의 코일에 유도전자가 발생하여, 회전에 대한 저항을 만들어 내면서 발전한다. 이 때 발전기의 부하로 모든 회전변화를 제어한다. 이 회생 브레이크야말로 전기 동력장치를 가한 하이브리드 차량이, 가속비 빈도가 높은 주행상황 속에서 연비를 대폭 개선할 수 있는 특징이다. 물론 액셀러레이터 OFF에서는 엔진 브레이크에 상응하는 가벼운 감속도를 만들며, 거기에서 브레이크를 걸면 본격적으로 발전하면서 감속한다. 다만 현재의 배터리 특성에서는, 미약한 전력에서 충전이 진행되지 않고, 약간 강한(운전자로서는 거칠고 나쁜) 감속을 하지 않으면 축전량이 상당히 늘어나지 않는 경향이 있다. 또한 연속등판에서는 배터리 온도가 올라가 충전이 둔화되는 경향도 있다.

프리우스(Prius)(Ⅱ) THS-Ⅱ

「승압」 도입과 상품력 향상

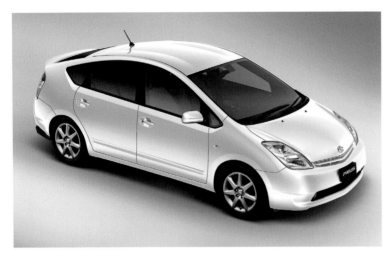

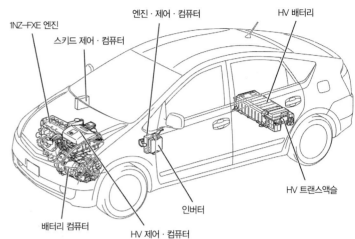

1NZ-FXE 엔진
스키드 제어·컴퓨터
엔진·제어·컴퓨터
HV 배터리
배터리 컴퓨터
HV 제어·컴퓨터
인버터
HV 트랜스액슬

배터리 → 모터구동전압의 「승압」

초기 모델 형식에서 도입한 각형 셀을 더 개량한, 제2세대라고 할 수 있는 Ni-MH 배터리를 6셀×28병렬로 배치한 배터리 팩으로 뒷좌석 바닥에 탑재하였으며, 뒤쪽을 평탄하게 하여 해치백(hatch back) 형태로 만들었다.

모터와 발전기를 위한 인버터 외에 승압 컨버터, 에어컨 압축기·인버터를 갖춘 파워 컨트롤 유닛. 많은 전류를 다루기 위해 발열(전기 로서는 손실)도 증대되었기 때문에 수랭식화(엔진 냉각수 순환)하였다.

「반응기(reactor)」로 가는 전류를 IGBT(절연 게이트 양극성 트랜지스터: Insulated Gate Bipolar Transistor)로 변환하여 고전압을 만든다.

코일에 흐르는 전류를 갑자기 끊으면, 출력 쪽에 높은 전압이 발생한다. 이 반응기(reactor) 회로에 대전력 스위칭 소자인 IGBT를 조합해 전류를 상당히 세세하게 끊어줘 「승압」을 일으킨다. 프리우스(Ⅱ)에서는, 배터리 전압(6셀·모듈×28) 201.6V를 최대 500V까지 높인다. 그러나 이것은 모터에 큰 토크를 발생시킬 때 뿐으로, 필요에 맞게 승압 폭을 바꿔 효율 저하를 방지하고 있다.

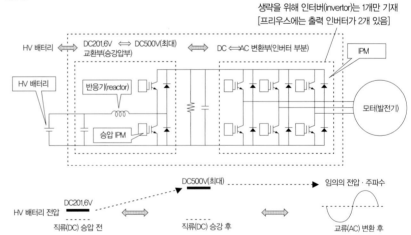

생략을 위해 인버터(invertor)는 1개만 기재
[프리우스에는 출력 인버터가 2개 있음]

HV 배터리 ⟷ DC201.6V ⟷ DC500V(최대) 교환부(승강압부) ⟷ DC ⟷ AC 변환부(인버터 부분) ⟷ IPM

HV 배터리
반응기(reactor)
승압 IPM
모터(발전기)

DC500V(최대)
DC201.6V
HV 배터리 전압
직류(DC) 승압 전
직류(DC) 승강 후
임의의 전압·주파수
교류(AC) 변환 후

엔지니어링은 초기 모델 형식을 유지하면서, 동력성능 향상에 힘을 쏟음

당초, 토요타 자신이 실험적인 시장투입으로 간주한 프리우스였지만, 자동차 사회에 주는 충격이 상당해서, 새로운 범주의 상품으로 점점 알려져 가면서 수요가 급증하게 되었다. 이렇게 하여 프리우스는 미국과 일본 시장의 감각적인 사용자를 커버하며, 더 「성숙된」 상품으로 탈피를 모색하게 된다.

북미가 중요한 시장이 됨으로써, 차량 크기는 더 커지고, 순식간의 가속을 중심으로 초기에 상정했던 것

보다 상당히 높은 속도감까지 충분한 동력성능을 갖게 했을 뿐만 아니라 모드 연비는 이전 모델 이상으로 뛰어났다. 이것이 제2세대의 "상품 개념"이다.

하이브리드 기술에 관해서는, 배터리 전압을 「승압」해 모터에 장착, 즉 모터의 구동전압을 대폭으로 늘림으로써 크기는 거의 바꾸지 않고 토크를 높이는 방법을 도입한 것이 최대 관점이다.

유성기어를 사용한 동력 분할 기구는, 유성 캐리어에

엔진이 링에 모터를 결합하고 있기 때문에, 그 지름비가 서로의 토크비가 된다. 그 때문에 엔진 토크를 대폭으로 늘릴 경우는, 모터 쪽도 같은 비율로 증강할 필요가 있다. 코일에 흐르는 전류를 단속함으로써 출력 쪽에 높은 전압을 발생시키는 「반응기(reactor)」를 이용해, 최대로 배터리 전압의 3배 가까운 전압을 만들고 있다.

오로지 "보통" 제품으로서의 혼합 생산

사진: 스미요시 나오히토

SUV, 미니밴 나아가 FR(Front Engine Rear Drive) 방식의 대형 세단으로 전개되는 THS가 원점인 프리우스(Prius)는 FF(Front Engine Front Drive) 방식의 중형 승용차를 생산하는 토요타시 쯔쯔미 공장에서 제작되고 있다. 이 쯔쯔미 공장에 있는 두 개의 라인 중 한쪽은 캠리(Camry), 프레미오/아리온(Premio/Allion) 등이 계속해서 만들어지는 가운데, 프리우스(Prius)와 북미에서 발매된 캠리가 랜덤으로 들어가 흐르는「혼합생산」이 이뤄지고 있다. 즉 하이브리드 동력을 탑재한 모델이라고 하더라도, 초대 프리우스와 같이 특별 취급하지 않고 일반 자동차와 똑같은 조립 라인 상에서 하이브리드 동력을 위한 전용부품의 장착이나 배선결합 등을, 각 작업 스테이션마다 1분 미만의 택 타임(조립공정 중 한 스테이션에서 걸리는 시간: Tack Time) 동안 끝나며, 시간이 걸리는 부분은 별도로 서브 어셈블리(sub assembly) 작업을 하는 등의 대응 과정이 확립된 것이다. 초대 프리우스(Prius)는 계획 단계에서는 월 200대 생산이었다. 그것이 시장투입 시점에 월 1000대로 확대되었고, 실제로 판매가 되고 발주가 급증한 뒤로는 월 2000대로 생산되는 등, 상황 변화에 대응함으로써 생산 규모를 확대해 왔다. 그러나 제2세대는 지금도 일 생산 350대 정도이다. 심지어 캠리(Camry) HV 생산 라인도 흐르고 있기 때문에, 현장에 서면, 이 라인을 흐르고 있는 자동차의 반 정도가 하이브리드라는 상황을 실감할 수 있다.

프리우스와 캠리·하이브리드가 계속해서 형태를 완성해 가는 라인 옆에 전시된 프리우스(II)의 단면 보디. 좌측 페이지 그림과 맞춰서 보면, 파워 패키지나 배터리 탑재상황 등을 잘 파악할 수 있다.

프리우스(위)의 계기판 패널은 프레미오의 5개에 비해 10개의 CPU를 장착하며, 서브 라인에서 조립한다.

상부 커버를 제거한 파워 컨트롤 유닛. 주배선 주위가 최고 500V의 고압을 말해준다.

내장 등 최종 조립 단계의 캠리. 뒷좌석 배면에 배터리 팩이 탑재되어 있다. 일반적인 내연기관을 동력으로 이용하는 캠리는 미국 켄터키 주 공장에서 제작되지만, 하이브리드는 아직 쯔쯔미 공장에서만 생산된다.

사진 우측의 엔진룸에서 뒤쪽 배터리 팩 쪽을 향해 바닥을 따라 오렌지색의 굵고 긴 배선이 조립되어 간다. 이것이 200V가 흐르는 파워 케이블이다. 일반적인 내연기관을 사용하는 모델과는 작업내용과 순서를 바꿔 대응하고 있다.

높은 위치에 매달려 바닥 작업을 진행해 온 프리우스 차체에, 별도로 조립되어 온 파워 패키지 + 앞쪽·현가장치 어셈블리가 합류되어 합쳐진다.

이 사진의 중앙은 프리우스, 전후에는 캠리, 계속해서 다른 종류의 차량, 다른 사양의 조립이 진행된다. 프리우스만 해도 일본, 북미, 유럽, 영국의 기본으로만 4가지 사양이다.

에스티마(Estima) · 하이브리드 THS-C(CVT)

크고 무거운 자동차에 대응하는 다른 종류 장치의 시도

프리우스에 이어 투입된 토요타 · 하이브리드는 미니밴, 더구나 4WD.
전륜을 엔진+모터 하이브리드 동력으로, 후륜을 모터로 구동한다.
프리우스보다 상당히 큰 구동력을 만들기 위해, 다른 복합동력 시스템이 투입되었다.

글: 모로즈미 타케히코

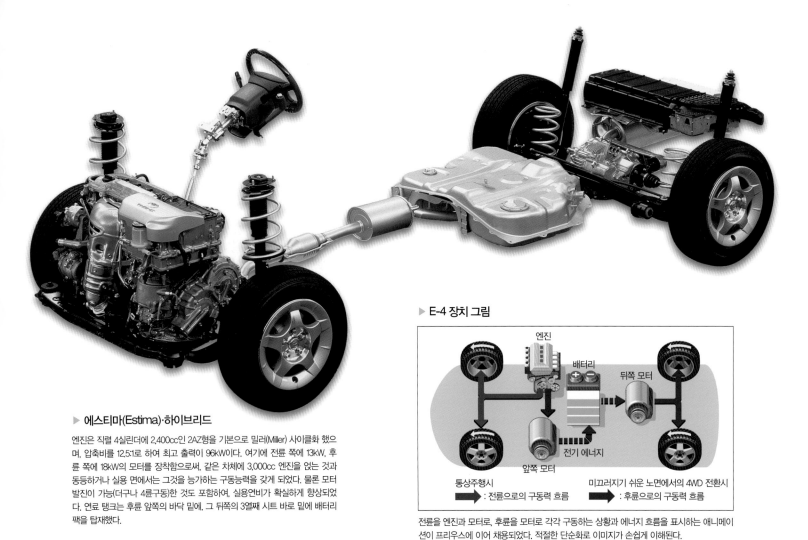

▶ **에스티마(Estima)·하이브리드**

엔진은 직렬 4실린더에 2,400cc인 2AZ형을 기본으로 밀러(Miller) 사이클화 했으며, 압축비를 12.5:1로 하여 최고 출력이 96kW이다. 여기에 전륜 쪽에 13kW, 후륜 쪽에 18kW의 모터를 장착함으로써, 같은 차체에 3,000cc 엔진을 얹는 것과 동등하거나 실용 면에서는 그것을 능가하는 구동능력을 갖게 되었다. 물론 모터 발진이 가능(더구나 4륜구동)한 것도 포함하여, 실용연비가 확실하게 향상되었다. 연료 탱크는 후륜 앞쪽의 바닥 밑에, 그 뒤쪽의 3열째 시트 바로 밑에 배터리 팩을 탑재했다.

▶ **E-4 장치 그림**

전륜을 엔진과 모터로, 후륜을 모터로 각각 구동하는 상황과 에너지 흐름을 표시하는 애니메이션이 프리우스에 이어 채용되었다. 적절한 단순화로 이미지가 손쉽게 이해된다.

엔진과 모터의 동력 혼합구동과 발전을 별도 계통화한 THS의 이단아(異端兒)

훗날이 되어 뒤돌아보면, 새로운 기술은 직선 위를 진화해 가는 것이 아니라는 사실이 종종 생긴다. 프리우스에 이어 나타난 에스티마 · 하이브리드뿐만 아니라 후륜을 전동 모터+감속기로 구동하고 전기 동력화 했기 때문에 가능해진, 전후가 독립된 메커니즘으로 협조하여 구동하는, 완전히 새로운 4WD 시스템을 구현했기 때문이다.

더구나 하이브리드 · 시스템 그 자체가 프리우스의 단일 유성기어에 의한 「동력분할 · 혼합」방식과는 별개이다. 전륜을 구동하는 엔진과 모터는, 2개의 피니언이 유성기어를 매개로 결합되며, 각 요소를 고정함으로써 전달경로를 전환한다. 그리고 혼합된 동력을 금속 벨트 방식의 CTV를 매개로 변속 · 토크 증폭을 하면서 타이어로 전달한다.

배터리로의 충전, 엔진 효율이 좋은 영역을 많이 사용하기 위한 발전에는 모터를 엔진으로 구동한다. 엔진 시동에도 사용하는 보조발전기가 따로 있다. 구동력은 상당히 커지지만, 이 단계의 프리우스 형식 THS에서는 대응할 수 없었던 이유 외에, 병행해 개발되었던 별도 방식을 투입했던 것이다.

이제까지 체험한 하이브리드 차량 가운데서도 액셀러레이터 작동이 타의 추종을 불허하며, 주행성능이 원활한 것이 대부분 이 종류의 기구였다는 것이 흥미롭다.

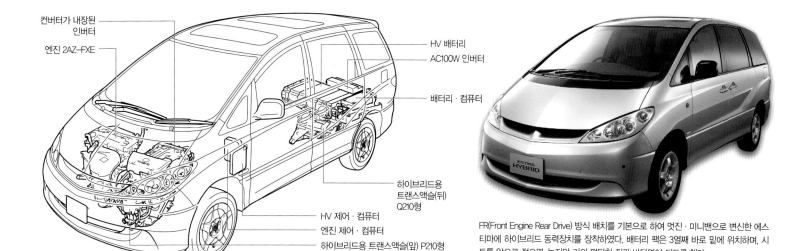

컨버터가 내장된
인버터

엔진 2AZ-FXE

HV 배터리

AC100W 인버터

배터리 · 컴퓨터

하이브리드용
트랜스액슬(뒤)
Q210형

HV 제어 · 컴퓨터

엔진 제어 · 컴퓨터

하이브리드용 트랜스액슬(앞) P210형

FR(Front Engine Rear Drive) 방식 배치를 기본으로 하여 멋진 · 미니밴으로 변신한 에스티마에 하이브리드 동력장치를 장착하였다. 배터리 팩은 3열째 바로 밑에 위치하며, 시트를 앞으로 접으면, 높지만 거의 평탄한 짐칸 바닥면이 되도록 했다.

◉ 트랜스액슬 / 앞쪽

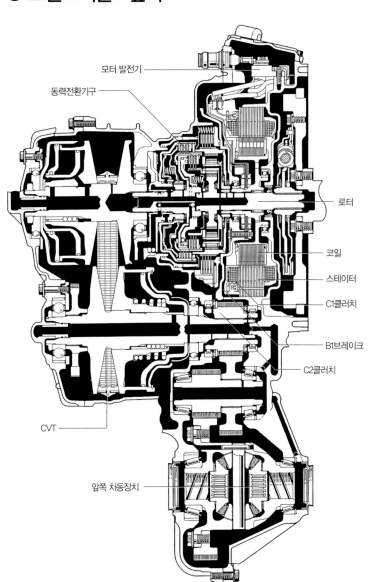

모터 발전기

동력전환기구

로터

코일

스테이터

C1클러치

B1브레이크

C2클러치

CVT

앞쪽 차동장치

동력전달-FR

좌측 단면도는 차량 탑재상태에서 뒤쪽에서 보면서 전개한 그림이다. 구동 · 회생 · 발전을 하는 모터는 1개만 있다. 우측 단면 모델은 반대로 앞쪽에서 본 것으로, 엔진은 반대로 향해 좌측에 위치하며, 케이싱 바깥(우측방면)에는 CVT의 금속 벨트+풀리 CVT가 보인다. 그 출력 측을 일단 높은 곳에 두고, 아래 공간에 카운터와 차동장치를 배치함으로써 전후 길이를 짧게 하여 자동변속기(AT) 트랜스액슬과 같은 정도의 공간을 차지하도록 설계했다.

◉ 트랜스액슬 / 뒤쪽

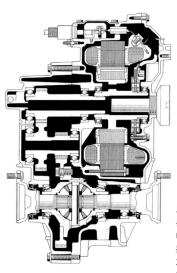

모터에서 2단 감속해 차동장치에 회전력을 전달하는 후륜구동 유닛. 전류과 동조해 구동하는 제어가 갖춰졌으며, 특히 발진시에는 최초의 「액셀러레이터 밟기」가 잘 듣는다. 이것은 회생에도 관계한다. 적재량=후륜하중이 커지는 이런 종류의 차량 감속에는 유효하다. 당연히 추진축(propeller shaft)은 불필요하다.

동력전환+CVT 및 THS-4의 작동

▶ 엔진 시동(주행중)

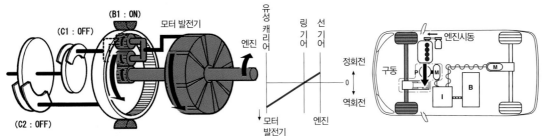

(B1 : ON)
(C1 : OFF)
(C2 : OFF)
모터 발전기
엔진

유성 캐리어　링 기어　선 기어
정회전
0
역회전
모터 발전기　엔진

엔진시동
구동
P : 동력전환기구
M : 모터 발전기
I : 컨버터가 포함된 인버터
B : HV 배터리
〜 : 교류
▨▨▨ : 직류(DC 216V)

「모터로 발진」은, 실용연비향상의 핵심이며, THS-C에서는, 동력전환 유성기어의 링기어를 고정하고 구동 측 클러치(C1)를 격리시키면 모터와 유성 캐리어가 하나로 회전함으로써 피니언이 역회전하면서 공전해 크랭크축을 역방향으로 회전시킨다.

▶ 모터만 주행 : 가속/감속회생

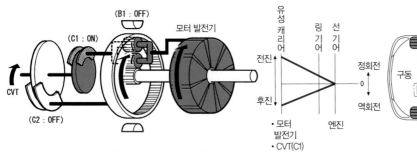

(B1 : OFF)
(C1 : ON)
(C2 : OFF)
모터 발전기
CVT

유성 캐리어　링 기어　선 기어
전진
후진
정회전
0
역회전
• 모터 발전기
• CVT(C1)
엔진

엔진시동
구동
P : 동력전환기구
M : 모터 발전기
I : 컨버터가 포함된 인버터
B : HV 배터리
〜 : 교류
▨▨▨ : 직류(DC 216V)

발진 순간～저속영역의 일반적인 가속에서는 전륜 모터 구동과 더불어 차량이 안정된 상태에서 「발기」. 동력 전환 기구는 모터+유성 캐리어를 클러치1(C1)로 구동 측에 직결함으로써, 전체가 일체로 회전하며 CVT에 구동력을 전한다. 이 형태로 회생도 한다.

▶ 엔진+모터 주행 : 가속/감속회생

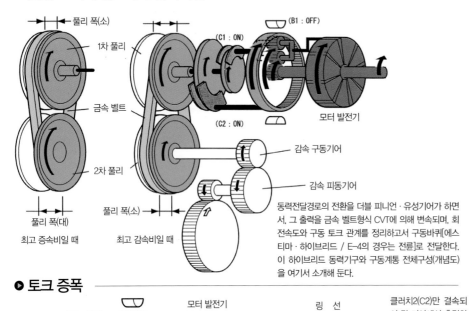

풀리 폭(소)
1차 풀리
금속 벨트
2차 풀리
풀리 폭(대)
최고 증속비일 때

(C1 : ON)　(B1 : OFF)
(C2 : ON)
모터 발전기
감속 구동기어
감속 피동기어
풀리 폭(소)
최고 감속비일 때

동력전달경로의 전환을 더블 피니언·유성기어가 하면서, 그 출력을 금속 벨트형식 CVT에 의해 변속되며, 회전속도와 구동 토크 관계를 정리하고서 구동바퀴[에스티마·하이브리드 / E-4의 경우는 전륜]로 전달한다. 이 하이브리드 동력기구와 구동계통 전체구성(개념도)을 여기서 소개해 둔다.

유성 캐리어　링 기어　선 기어
정회전
0
역회전
• 모터 발전기
• CVT(C1)
CVT(C2)　엔진

대부분의 일반적인 주행영역에서는, 엔진과 모터를 「합체」시킨다. 두 개의 클러치 모두 체결하면 유성 기어 각 요소가 고정되며, 엔진과 모터가 1축에서 회전한다. 다음은 CVT로 변속하는 일반적인 구동기구로서 이것이 본연의 운전성능을 만드는 관점이라고 생각된다.

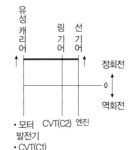

P : 동력전환기구
M : 모터 발전기
I : 컨버터가 포함된 인버터
B : HV 배터리

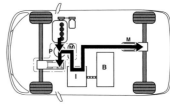

전륜이 미끄러지면 순식간에 후륜 모터로 전력을 공급해 4륜을 구동한다. 엔진 효율이 좋은 부하영역을 사용해 발전하며, 그 전력을 모터로 보내는 운전 형식도 있다.

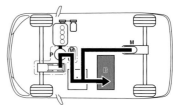

감속회생에는 후륜 모터도 관계한다. 하중이동이 적은 감속에서는 차량 움직임(차량거동: vehicle motion)의 안정도 포함해 효과가 있다. 전륜 쪽에 관해서는 엔진을 정지시키고 구동계통에서 풀어주는 쪽이 회생효율은 좋다.

▶ 토크 증폭

(C1 : OFF)
(C2 : ON)
모터 발전기
CVT
엔진 유성 캐리어

링 기어　선 기어
정회전
0
역회전
모터 발전기　CVT(C1)　엔진

클러치2(C2)만 결속되어 링 기어에서 출력하는 형태로 된다. 여기서 모터 토크를 더해주면 더블 피니언이 서로 회전하면서 공전하여, 유성 캐리어와 링 기어의 회전속도가 변화하면서, 즉 토크를 증폭시켜 출력한다.

P : 동력전환기구　　B : HV 배터리
M : 모터 발전기　　〜 : 교류
I : 컨버터가 포함된 인버터　▨▨▨ : 직류(DC 216V)

▶ 정지중의 발전

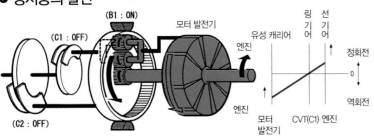

(B1 : ON)
(C1 : OFF)
(C2 : OFF)
모터 발전기
엔진

유성 캐리어　링 기어　선 기어
정회전
0
역회전
모터 발전기　CVT(C1)　엔진

엔진 시동과 동시에, 링 기어를 브레이크1(B1)로 고정한다. 이 상태에서(차량은 정지) 엔진을 회전시키면, 선 기어가 더블 피니언을 서로 역회전시켜, 유성 캐리어가 엔진과는 역방향으로 회전한다. 이것으로 모터를 발전기로 사용해 구동한다.

감속: 회생제어 +
유압 브레이크 협조제어

감속 중, 운동 에너지로 「발전」하면서 운전자가 요구하는 제동을 「형성한다」

하이브리드 동력화에 의해, 주행할 때 에너지 효율을 높이는 열쇠는 「회생」에 있다. 즉 달리는 자동차가 갖는(가속에 의해 획득된) 운동 에너지를 감속할 때 모터를 반대로 발전기로 사용함으로써, 전력으로 회수한다. 모터에 어느 정도의 전력을 발생시키는가. 그 전기적 부하에 따라 회전에 대한 반대 토크(저항)가 변하며, 감속도도 변화한다. 어느 회전속도에서의 발전량이 최대가 된 부분이 그 때 회생으로 얻어지는 최대의 감속도가 되며, 그 이상의 감속이 필요하면 차륜의 브레이크 기구에 유압을 걸어 제동을 추가하게 된다. 즉 회생을 완전히 사용해 에너지 효율을 높이기 위해서는, 전기 브레이크와 기계적 브레이크를 잘 「혼합」해, 운전자가 페달을 밟았을 때에 "요구"하는 감속을 만들어내야 하는 것이다.

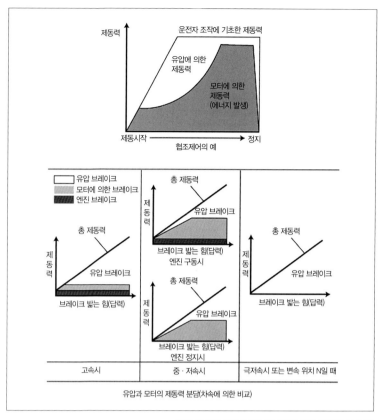

유압과 모터의 제동력 분담(차속에 의한 비교)

회생, 즉 전기 브레이크를 가능한 한 넓은 영역에서 사용해 에너지를 회수하면서, 기계적 브레이크를 더해 필요한 감속을 「만든다」라는 기본적인 제어 개념이다. 모터로 발전시켰을 때의 회전반력, 즉 감속 토크 발생 형식은 회전과 부하에 따라 변화한다. 그에 대응해 기계적 · 브레이크를 알맞은 강도로 「혼합」할 필요가 있다.

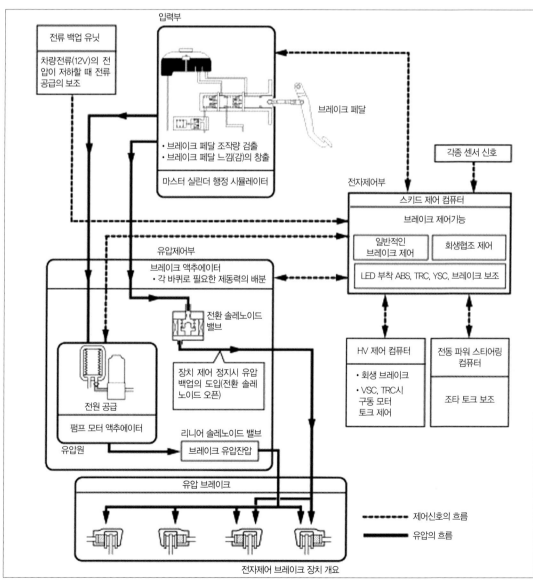

전자제어 브레이크 장치 개요

------ 제어신호의 흐름
—— 유압의 흐름

에스티마 · 하이브리드(I)에 탑재된 브레이크 유압 액추에이터의 단면 모델. 4개의 휠 실린더에 보내는 유압을 제어하는 솔레노이드가 있다. 물론 ABS, 4륜 브레이크 제어에 의한 요동 컨트롤(차량거동안정)도 이 액추에이터가 담당한다.

토요타 · 하이브리드 차량의 기계식(유압) · 브레이크 · 장치. 이 그림은 에스티마 · 하이브리드(II)인데, 기본적인 생각 및 구성은 초기부터 연결되고 있다. 브레이크 페달은 「어느 정도의 감속을 요구하고 있는가」라는 운전자의 입력 센서가 있으며 그 [브레이크 밟는 힘(답력)과 행정, 감속도의 관계가 자연스러우면 좋다], 회생발전에 의한 전기 브레이크에 더해지는 감속도를 산출해 브레이크 유압을 제어한다. 종횡의 타이어 슬립에 대한 차량 움직임(차량거동: vehicle motion) 제어도 동시에 반영된다. 페달과는 별도의 독립적인 유압발생 · 제어계통이 존재하는, 완전한 "브레이크 바이 와이어(break-by-wire)"이다.

해리어(RX) 및 크루거 · 하이브리드 THSⅡ E-4

큰 배기량 엔진의 라이벌에게 전기 동력으로 대응

성숙해 온 하이브리드 기술의 상품 전개를 SUV로 확대한다.
그 제1탄은 주요 시장인 북미의 기호를 반영해, 전기 동력으로 순발력을 높이는 방향을 노렸다.

글: 모로즈미 타케히코 · 사진: TOYOTA

▶ **파워 패키지**

V6 · 3,300cc 엔진(사진에서는 전방 뱅크의 3기통이 보이며, V뱅크 사이의 흡입 매니폴드는 후방에 위치하고 있다)에, 발전기/동력분할기구/모터+감속용 유성기어를 1축상으로 배치한 하이브리드 동력기구(단면 모델)를 조합한 파워 패키지.

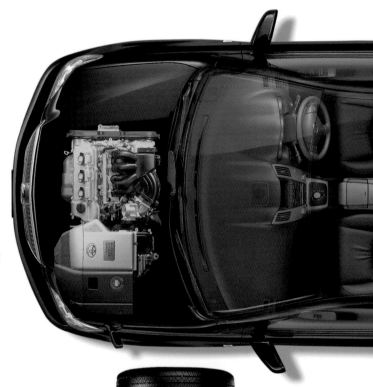

하이브리드 동력기구 부분의 확대. 위 사진과는 반대로 후방 위에서 본 것으로, 엔진은 우측에 위치한다. 그 바로 옆에 발전기가 있으며, 최종 구동장치(중앙 아래에 보임)를 사이에 두고 모터가 배치되는데, 이 두 개의 중간에 2세트의 유성기어가 나란히 조합되어 있는 것이, 외주 카운터 드라이브 기어가 잘려져 있는 것이, 그 내부에 보이고 있다. 모터 구동전압도 최대 650V로, 꽤 높은 수준까지 승압해 사용한다.

← 엔진

모터   동력분할 유성기어

모터 감속 유성기어   발전기

▶ **모터 감속 기구**

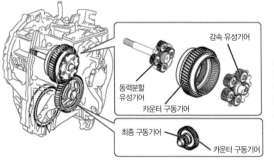

감속 유성기어

동력분할 유성기어

카운터 구동기어

최종 구동기어   카운터 구동기어

승압에 추가해 고속 회전화를 이룩함으로써 출력(토크×회전수)을 높인 모터. 그 출력축을 감속용 유성기어의 선 기어에 결합시키고, 유성 캐리어를 고정함으로써, 링 기어의 회전이 감속된다. 그 외주에는 카운터 구동기어가 있으며, 반대 측에서 동력분할기구인 유성기어가 조합된다.

◀ 계기 표시

3개의 계기 가운데 좌측이 아날로그 표시의 모터 출력 상황 계기이다. 회생 측에 비해 출력측이 더 크다. 중앙 하부의 액정 다기능 표시 패널로는 간략화한 동력흐름 그림+배터리 잔량도 선택할 수 있다.

▶ 배터리 모듈

뒤 시트 바로 아래의 바닥에 설치되기 때문에, 배터리를 둘 공간 확보가 까다롭다. 좌우 시트의 안쪽 레일을 지나기 때문에, 배터리 팩은 3개로 분할되며, 각각의 팩에 냉각용 팬이 설치되어 있다. 또한 셀 외피가 냉각용 바람에 직접 닿는 신 구조로 되어 있으며, 8개 모듈을 36개 탑재하여 288V를 생성한다.

1.2V×8셀 = 9.6V
9.6V×30모듈 = 288V

◀ 파워 컨트롤 유닛

앞쪽 모터, 발전기, 뒤쪽 모터와 인버터 제어회로가 3세트 이며, 승압 컨버터 회로, 에어컨 압축기용 인버터도 포함되어 있다. 가속 순발력을 만들기 위해서는, 사용하는 전력(파워)도 커져야 하므로, 발열이 더 많아져 전용 라디에이터와 순환계통을 갖는 수랭식이다.

▶ 뒤쪽 · 트랜스액슬

모터에서 헬리컬 기어, 거기에 최종감속기어로 2단 감속해 차동장치를 돌리는 배치는 E-4 공통이다. 사진에서는 우측이 차량탑재 상태에서는 앞이 되고, 외곽을 절단한 안에 모터가, 그 좌후방 밑에 차동장치의 구동 플랜지가 보인다.

해리어/크로거(Harrier/Kluger)의 플랫폼은 캠리(Camry) 계열이며, 뒤 서스펜션은 스트럿(strut) 방식이다. 크루거는 시트가 3열로 되어 있기 때문에 배터리 탑재 공간을 뒷좌석 밑에 두어야 했다. 그 밑~전방에 연료 탱크가 위치하고 있다. FF계열 SUV인 차세대 플랫폼은 RAV4를 봐도 연료 탱크를 가로로 길게 한쪽으로 치우친 오프셋 탑재로 하는 등 상당히 변화되었으며, 하이브리드화도 진행된 것으로 추측된다.

고속영역에서의 급감속에 초점을 맞춤

프리우스로 「연비 톱 러너(top runner)」의 평가를 확립한 토요타 하이브리드의 다음 단계는, 당연히 더 광범위한 차종으로 적용하고 상품화하는 것이다.

우선은 프리우스(Ⅱ)에 이르러 제품기술로서 일단 완성도를 가진 동력분할·혼합에 의한 THS 제2세대를 사용하게 되며, 에스티마·하이브리드에서 도입한 후륜 모터구동에 의한 협조로 4WD를 조합한다. 이것을 중형 크기의 SUV인 해리어(Harrier: 미국에서는 렉서스 RX)/크루거(Kluger: 미국 하이랜더/Highlander)에 탑재했다. 원래는 FF인 캠리(Camry) 계열의 플랫폼을 유용한 차종으로, 치수나 기구면의 변화는 적다.

하이브리드 기술의 주제로는, 우선 모터 크기를 바꾸지 않고 출력을 높이기 위해, 승압 외에 사용회전영역을 끌어올리고 거기에서 1단 감속해 동력분할기구로 들어가는 구성으로 했다. 또한 배터리도 기존 골격 안에 집어넣기 때문에, 각형 모듈을 더욱 꽉 차게 하여 패키지화하면서, 냉각성능도 향상시킨 개량형을 탑재했다.

이것은 순간적으로 많은 전력을 끌어내고, 발열이 늘어나는 사용방법에 대응하려는 목적에 기인한다. 이 배터리 사양도, 또한 기존 모델보다 배기량을 약 10% 정도 확대한 V6 엔진을 조합시킨 것도, 해리어/크로거의 하이브리드화는 주요 시장인 북미에서 프리미엄 SUV의 대부분이 4,000~5,000cc 엔진을 장착하고 있다는 사실에 대응하여, 현지에서 요구되는 가속 순발력을 더하면서도 연비 악화를 막는다는 상품기획을 실현한 것이라고 말할 수 있다.

에스티마(Estima) · 하이브리드(II) THS II E-4

하이브리드의 연비 잠재력을 철저히 추구

앞 모델의 강인한 맛은 엷어졌지만, 유행을 따르는 멋진 미니밴이라는 개념을 전해주는 운전석(cockpit) 배치. 앞좌석 중앙의 폭넓은 콘솔 박스의 내용물은 HV 배터리이며, 일반적인 내연기관을 동력으로 사용하는 모델과는 달리 슬라이드가 안 되며, 좌우 워크스루(walk-through)도 불가능하다. 반대로 말하면, 이 공간에 204셀의 배터리가 잘 수납되어 있는 것이다.

글: 모로즈미 타케히코 · 사진: TOYOTA

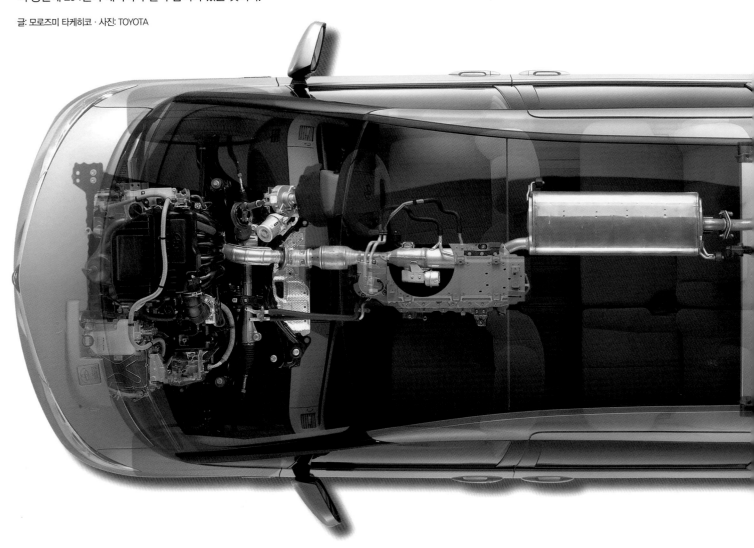

이전의 동력분할기구+CVT 방식에서 다른 것과 공통의 동력분할 · 혼합방식으로 전환하여 하이브리드에 의한 연비개선을 세부적으로 철저히 추구했다는 사실이 주행 중의 연료소비 상황에 나타나고 있다.

최신 기술을 어디까지 숙성시킬까. 제작사의 노력이 자동차에서 보인다.

유성기어를 사용한 동력분할·혼합방식이, 더 큰 토크를 받아들이게 됨으로써, 에스티마·하이브리드도 제2세대에서는 이 토요타 공통의 엔지니어링으로 옮겨갔다. 모터 구동전압의 승압, 모터 출력의 감속, 뒤차축도 모터 구동인 4WD, 적층각형의 제2세대 Ni-MH 배터리, 나아가 배터리 에어컨 냉매 압축기 등, 현재의 토요타·하이브리드·장치의 모든 것을 장착한다. 이 사양에 대해서 충격적인 것은 없지만, 실제로 주행하다보면 상당한 영향을 가진 자동차로 탄생된 것을 느낄 수 있다.

5페이지 실용 연비의 실제 주행 계측 결과에서도, 우선 정체를 포함한 도심주행에서는 이동평균 속도가 극단적으로 떨어지지 않는 한, 10km/ℓ 이상을 유지한다. 더구나 계측 시기는 여름으로, 에어컨은 항상 작동했었다. 같은 에스티마 3,500cc 가솔린 사양에서 똑같은 주행을 하면, 평균속도에서 20km/ℓ 정도이며, 조금 혼잡한 도심부를 달리는 형태에서는 7km/ℓ 정도이다. 모터 발진인 하이브리드 차량이 가장 자랑으로 삼는 점이라고는 하지만, 50% 가까이 연비가 향상된다.

에어컨·압축기의 전동화에 따라 상시 아이들링 스톱(차량이 정지 후 일정 시간이 지나면 엔진작동이 멈추는 것: idling stop)하며, 더구나 넓은 공간에 냉풍이 공급된다. 나아가 감속 시의 회생을 정지 막바지까지 사용하려는 목적의 세팅도 체감할 수 있었다.

또한 놀란 만한 것은 고속운행에 있어서, 일본 고속도로의 상용속도영역이라면 12~15km/ℓ 이고, 평탄도로에서 필요 구동력을 담당하는 액셀러레이터 밟기(accelerator work)로 달리면 100km/h 유지 상태에서 15km/ℓ 전후의 연비로 달린다. 디젤 엔진과 실용연비 곡선이 교차하는 것은 평균속도 100km/h 이상의 고속영역이 될 것이다. 결합식·하이브리드의 장점으로 언급해 온 엔진 효율이 떨어지는 영역에서는 회전과 부하를 조절해 같은 연비의 소비로도 토크가 커지는 영역에서 운전하며, 엔진 직접구동과 동력을 분할해 발전한 전력으로 모터를 구동하는 2계통을 조합시키면 연비가 개선된다는 논리가 실제주행 가운데 구체화된 느낌이다.

같은 기본 장치를 사용해도, 그것을 얼마나 치밀하게, 상상력을 풍부하게 발휘하여 만들어 내는가. 그런 「사람」의 요소가 상당히 중요하다는 것을 실감시키는 연비성능이다. 다만 사람의 오른쪽 다리의 움직임에 대한 구동력의 미묘한, 그러나 자연스런 변화, 이런 면에서는 아직 개선의 여지가 크다. 이 점이 개선된다면, 사람=기계계통으로서의 연비 잠재성은 크게 높아지고, 연비의 「상향성」이 가능해질 것이다.

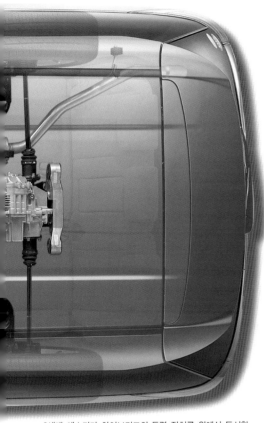

2세대 에스티마 하이브리드의 동력 장치를 위에서 투시한 것. 앞쪽의 파워 패키지 우측(사진 위)의 직렬4실린더 2400cc인 2AZ-FXE 형식은, 흡입밸브가 늦게 닫히는 밀러(Muller) 사이클을 채택하였으며, 기계적 압축비 12.5:1, 밸브 타이밍 등은 이전 형식과 같지만, 출력은 발생회전을 높여 96kW에서 110kW로 향상되었다. 연료 탱크는 배기 머플러와 병행하는 차체 좌측 바닥 아래에 위치한 비대칭 배치이며, 뒤·서스펜션은 결합식·크랭크형식이다.

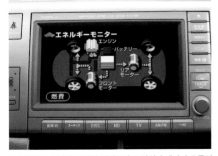

디스플레이 중앙에 표시된 하이브리드 장치 / 에너지 흐름의 이미지를 E-Four 차량 공통의 것. 예전과 똑같은 이미지도 있지만, 실제로 하이브리드 동력 장치는 완전히 바뀌었다.

계기의 오른쪽, 운전석에는 정면에 가까운 위치에 에너지 흐름의 실시간 상황을 나타내는 계기, 주행(출력) / 회생, 에어컨디셔닝 작동, 전력소비의 3열로 채워넣어져 있다. 반대쪽에는 실시간 연비계.

현행 토요타 · 하이브리드 · 장치의 집대성

비대칭 배치인 연료 탱크 등 높은 바닥 공간을 전제로 만든 신세대 미니밴 · 패키지
그것을 가능한 한 흩뜨리지 않고 하이브리드 4WD 메커니즘을 접목시키고 있다.

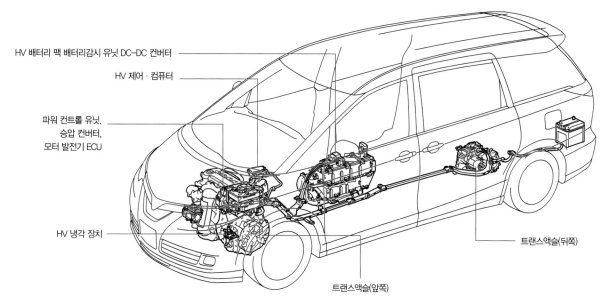

- HV 배터리 팩 배터리감시 유닛 DC–DC 컨버터
- HV 제어 · 컴퓨터
- 파워 컨트롤 유닛,
  승압 컨버터,
  모터 발전기 ECU
- HV 냉각 장치
- 트랜스액슬(뒤쪽)
- 트랜스액슬(앞쪽)

◉ 앞쪽 트랜스액슬

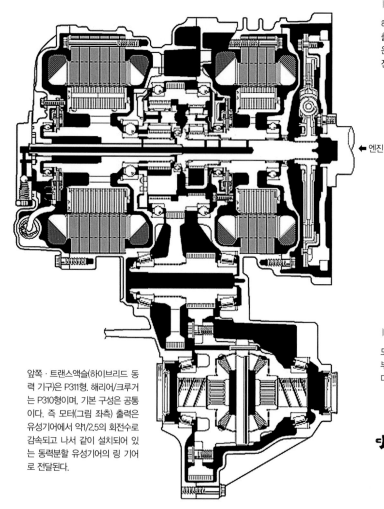

← 엔진

앞쪽 · 트랜스액슬(하이브리드 동력 기구)은 P311형. 해리어/크루거는 P310형이며, 기본 구성은 공통이다. 즉 모터(그림 좌측) 출력은 유성기어에서 약1/2.5의 회전수로 감속되고 나서 같이 설치되어 있는 동력분할 유성기어의 링 기어로 전달된다.

▶ 하이브리드 동력기구 개념도

해리어(Harrier)/크루거(Kluger) · 하이브리드부터 도입된 모터 감속 기어를 갖춘 동력분할 · 혼합 메커니즘. 모터 출력은 감속용 유성기어의 선 기어로 들어가며, 그 유성 캐리어는 고정. 감속된 회전이 링 기어로 나타나고, 이것은 동력분할 유성기어의 링 기어와 일체로써 외주에 카운터 드라이브 기어가 설치되어 있다. 동력분할 작용은 이전의 THS와 동일하다.

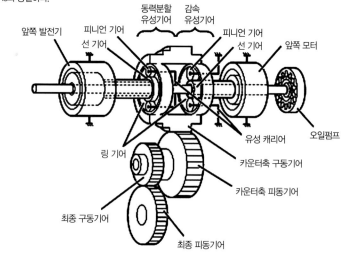

- 앞쪽 발전기
- 동력분할 유성기어
- 감속 유성기어
- 피니언 기어
- 선 기어
- 피니언 기어
- 선 기어
- 앞쪽 모터
- 오일펌프
- 유성 캐리어
- 링 기어
- 카운터축 구동기어
- 카운터축 피동기어
- 최종 구동기어
- 최종 피동기어

▶ 동력분할 기구의 작동/가속시

모터 감속용 유성기어를 더한 동력분할 · 혼합 유닛의 작동 예. 엔진 토크, 회전이 높은 상태에서 발전기에 그 일부를 분할해(부하에 따른 저항으로 반력발생) 발전하며. 그 전력을 앞쪽 및 뒤쪽 모터에 보내 회전력을 발생시킨다. 앞쪽 모터 출력은 감속되고 나서 링 기어에 합류된다.

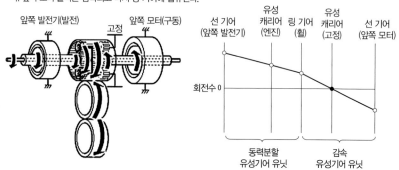

- 앞쪽 발전기(발전)
- 고정
- 앞쪽 모터(구동)
- 선 기어 (앞쪽 발전기)
- 유성 캐리어 (엔진)
- 링 기어 (휠)
- 유성 캐리어 (고정)
- 선 기어 (앞쪽 모터)
- 회전수 0
- 동력분할 유성기어 유닛
- 감속 유성기어 유닛

◉ 배터리 팩

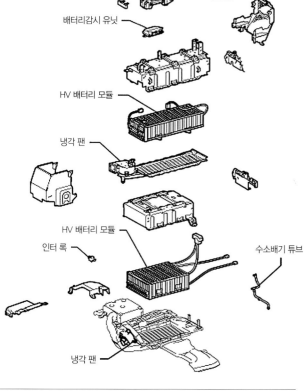

접속 블록(junction block)
· SMRB
· SMRG

배터리감시 유닛

HV 배터리 모듈

냉각 팬

HV 배터리 모듈

인터 록

수소배기 튜브

냉각 팬

바닥은 높지만 2열째 시트 밑에는 머플러와 연료 탱크가 배치되어 있다. 또한 3열째 시트는 바닥으로 접히는 구조로 했다. 그 결과, 바닥 아래로는 배터리 팩을 놓을 만한 공간이 없어 앞 열 시트 사이인 센터 콘솔박스 폭의 넓이를 살려, 이 안에 배터리를 2단으로 쌓도록 배치했다. 상단에 각형 셀 12개 연결 모듈을 9열, 하단에 8개 연결 모듈을 12열, 합계 204셀에서 244.8V가 나온다. 승압 컨버터는 이것을 최대 650V로 올려 사용한다. 냉각 팬, 냉각기 경로도 각각 상하단으로 만들어져 있다.

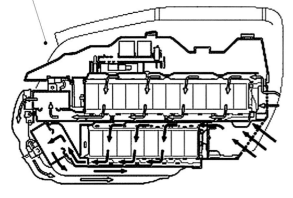

◉ 냉난방 장치

▶ 배기 열 재이용 장치

미니밴의 커다란 거주 공간(짐칸까지 일체)을 냉각하고, 난방하기 위해 소비되는 에너지는, 세단계 승용차와 비교가 되지 않는다. 간단히 말하자면, 열량은 공기 체적에 비례하기 때문이다. 초대 프리우스도 인사이트도 아이들링 스톱(차량이 정지 후 일정 시간이 지나면 엔진작동이 멈추는 것: idling stop)이 기능하는 것은 외기온도의 범위가 5~25℃일 때이며, 그것을 벗어나면(추위/더위) 엔진은 계속 회전하게 된다. 즉 저중속 영역의 실용연비는 나빠지게 된다. 이 약점을 커버하기 위해, 우선은 에어컨 냉매 압축기를 전동화했다. 전력은 충분하기 때문에, 배터리 잔량(SOC: State of Charge)이 충분한 상황에서는 계속은 아니지만 냉방을 유지하는 것이 가능해졌다. 직전의 감속 회생전력이 에어컨에 사용되는 상황(엄밀하지는 않지만) 종종 일어난다. 또한 에스티마 · 하이브리드(Ⅱ)에서는, 엔진 배기가스라는 "열원"을 이용하는 장치를 갖춰, 냉난방 쪽도 에너지 소비를 삭감하는 방향으로 진행되고 있다.

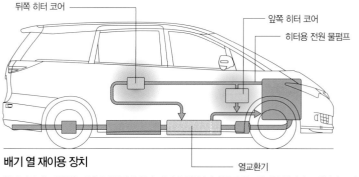

뒤쪽 히터 코어

앞쪽 히터 코어

히터용 전원 물펌프

열교환기

배기 열 재이용 장치

엔진 배기라는 열원은, 이제까지 방치돼 왔다. 배기관 앞부분의 위쪽에 열교환기를 설치하고, 일반적으로는 라디에이터와 히터 코어 사이를 왕래하는 엔진 냉각수를 여기서도 순환하도록 했다. 그 펌프를 전동으로 하는 것은 당연하다고 할 수 있을 것이다.

냉매 압축기가 계속 작동할 때 소비되는 에너지는 상당히 커서, 기존의 14V 전력 계통에서는 모터가 커지고 많은 전류가 흐르기 때문에 비현실적이다. 그러나 하이브리드 차량은 200V 이상의 높은 전압이 배터리에서 직접 공급할 수 있기 때문에 모터도 충분히 콤팩트하게 할 수 있다. 압축기는 스크루 형식이다.

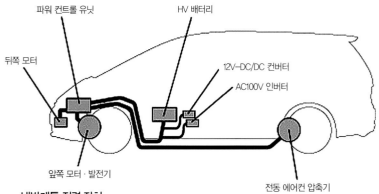

파워 컨트롤 유닛

HV 배터리

뒤쪽 모터

12V–DC/DC 컨버터

AC100V 인버터

앞쪽 모터 · 발전기

전동 에어컨 압축기

냉방계통 전력 장치

에어컨 냉매를 압축해 액화시키는 압축기는, 일반적인 내연기관을 사용하는 엔진에서는 계속적으로 엔진에서 직접 돌리기 때문에, 이것을 모터 구동으로 바꾸면 공회전(아이들링)을 멈출 수 있고, 필요한 때에 필요한 만큼만 돌리면 되므로 엔진 직결보다 효율이 높아진다. 에스티마에서는 후륜 쪽에 압축기를 설치한다.

렉서스(Lexus) GS450h THS II-FR 대응

수평에서 수직으로. 최신 THS 장치의 고출력 대응 버전

대형 고급승용차에도 하이브리드 동력을 적용하기 위해, FR계통의 엔진─구동계통이 세로배치에 대응하는 THS 장치가 시도되었다.

글: 모로즈미 타케히코 · 사진: TOYOTA

동력계통 배치

전용 차종이 아니라, 일반적인 동력 모델과 병존하며 변화함으로써 하이브리드가 존재한다. 이것이 본격적으로 「양」을 늘리는 전략의 필수조건이다. FR 계통 세로배치 파워 패키지 가운데, 기존의 변속기와 같은 공간에 탑재하는 하이브리드 동력기구를 실현하였으며, 전류를 모터로 구동하는 4WD 가능성도 있다. 뒤 축 배후에 위치하는 배터리는 6셀 · 모듈×40으로 288V이다.

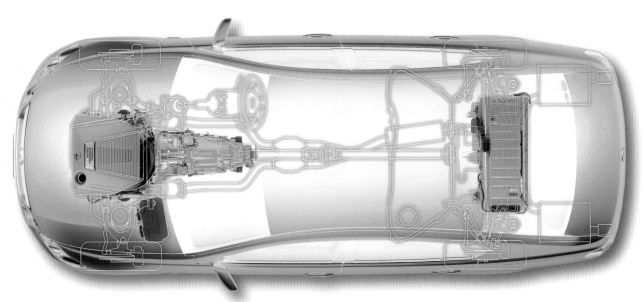

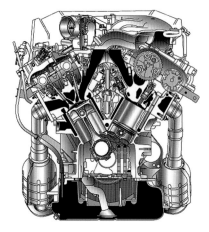

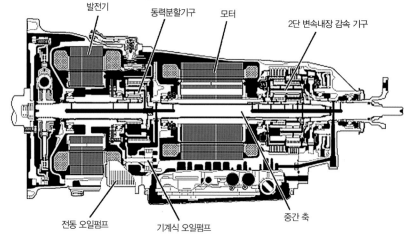

발전기　동력분할기구　모터　　2단 변속내장 감속 기구

전동 오일펌프　기계식 오일펌프　　중간 축

▶ 하이브리드 · 구동계통

세로배치 FR 배치에 대한 대응은, 지금까지의 가로배치 파워 패키지와 마찬가지의 기본배치를 답습하고 있다. 다만 출력이 병행축이 아니라 후방으로 빠지는 형태가 되기 때문에, 동력분할 유성기어의 링 기어로부터의 구동출력은 직후의 모터와 감속용 유성기어 가운데를 중공축으로 빼서 뒤쪽으로 나온다. 탑재 차량은 더 커지고 무거워지며, 엔진 본체의 토크도 큰 자동차라는 성향을 갖는다. SUV/미니밴 계열 보다 더 큰 토크의 엔진과의 조합이 상정되어 있다. 그러나 동력분할 기구는 종전대로 단일 유성기어이며, 엔진과 모터가 동시에 출력을 내면서 일체로 회전하기(차동하지 않는) 위해서는, 모터 쪽의 토크도 충분히 커야 하는 것이 필수이다. 그러나 모터 외형(지름)이 제약되기 때문에, 지금까지의 모터 직결감속기구가 아니라, 저속/고속(low/high) 2단계 감속 기구를 조합해, 모터에서 들어오는 토크 폭을 넓혀 간다. 아래 사진은 EVS─22로 아이신 부스에 전시되어 있던 단면 모델이다.

▶ 엔진 2GR-FSE

형식 명에 "X"가 들어가지 않은 것에서도 알 수 있듯이, 일반적인 동력형식인 3,500cc 모델과 같은 엔진이다. 60도 V6, 실린더 내 직접분사와 포트 분사를 나눠 사용한다. 효율 추구보다도 전기 동력을 가속 부스터 형식으로 사용하면서, 연비악화를 제어하려는 하이브리드적인 사용법이다.

돌아보면 렉서스 GS의 원점은 아리스토(Aristo)였고, 그 이후 상급인 살롱(salon) 계열 가운데서도 성능 지향이 강하다. 하이브리드화도 전기 동력을 추가함으로써 「가슴 후련한 감속」과 V8 모델 이상의 순발력을 연출한다.

계기 표시 내용도 마찬가지로 순발력 지향의 해리어[Harrier(렉서스 RX)]와 동일하다. 좌측이 순간 에너지 흐름의 아날로그 표시이다. 액셀러레이터 조작과 구동력 관계는 상당히 민감해서 선형성(Linearity)이 부족하다. 속도계 아래의 다기능 표시도 공용품이다.

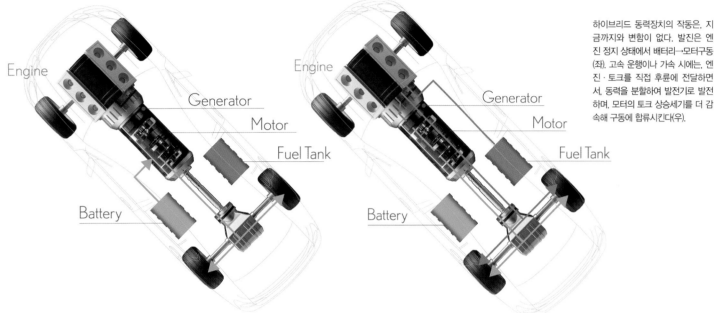

하이브리드 동력장치의 작동은, 지금까지와 변함이 없다. 발진은 엔진 정지 상태에서 배터리→모터구동(좌). 고속 운행이나 가속 시에는, 엔진·토크를 직접 후륜에 전달하면서, 동력을 분할하여 발전기로 발전하며, 모터의 토크 상승세기를 더 감속해 구동에 합류시킨다(우).

◀ 최대 650V 승압, 고속형식 모터 출력을 2속 감속함으로써 회전-토크 범위를 확대할 수 있다. 모터 출력은 후방 선 기어로 들어가고, B1에서 앞쪽 선 기어를 세우면 롱 피니언이 자전+공전해 감속비가 낮아진다. B2에서 링 기어를 세우면 두 피니언이 양방향으로 회전하면서 공전하여 높아진다.

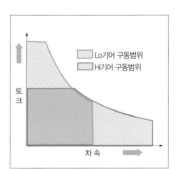

동력분할·혼합 기구는 피니언 4개의 유성기어. 왼쪽 하이브리드 동력기구 개념도에 있듯이, 모터 출력 2단 감속 기구는 가장 후방에 있으며, 2단 유성기어의 작동을 전환하면서, 그 출력을 중공축 내를 빠져 나온 동력분할 기구의 링 기어나 출력에 직결해 합류한다.

하이브리드 적용확대는 다양한 상품을 만들어낸다

하이브리드 동력화를 적용하는 차종을 더 확대시키게 되면, 파워 패키지 가로배치 뿐만 아니라, 역시 세로배치 후륜구동 형태에 대응하는 장치가 필요하게 된다. 그 제1탄이 렉서스 GS450h로, 심지어는 LS600h도 등장하고 있다. 앞선 에스티마의 경우에서도 분명해졌듯이, 하이브리드 동력화에 따른 상용영역의 연비개선은 초경량으로 주행저항이 작고, 원래부터 연비 잠재력이 높은 자동차보다도 크고 무거우며, 에너지 소비가

큰 자동차 쪽이 현실적 가치가 크다. 간단히 말해서 같은 연비의 개선 폭을 얻을 수 있다면, 실제로 소비되는 연료량의 삭감은, 원래 양이 많은, 즉 연료소비가 많은 차일수록 크게 나타나기 때문이다. 또한 고급차는 장비 종류에 따른 전력 소모도 크고, 대용량·고전압의 전력원을 갖기 때문에, 다양하게 효율을 향상시킬 가능성이 열려 있다.

그렇다고는 하지만 GS450h의 경우는, 그런 이론성

보다도 오히려 일반적인 동력에 전기 동력계통을 더해, 여유 구동력을 늘리는, 즉 가속 순발력을 강조하는 경향이 강하다. 액셀러레이터를 밟는 정도가 작은 부분부터 구동력을 강력하게 높여 과잉 수준으로까지 가속을 연출하며, 거기서 사용한 전력은 직후에 엔진으로 발전기를 구동시켜 충전한다. 실제주행 연비 계측에서도, 상당히 정숙하게 달렸음에도 불구하고 연비가 좋아지지 않는 경향이 나타났다.

04

혼다 통합 모터 보조 장치[HONDA INTEGRATED MOTOR ASSIST(IMA)

혼다 · 인사이트(Insight)

「연비 챔피언」의 추구

프리우스(Prius)보다 2년 늦게, 혼다도 하이브리드 동력의 시판 모델을 내놓았다.
간단한 이중동력 장치로 미국과 일본의 모드 연비 「챔피언」을 겨냥한 특수한 모델이다.

글: 모로즈미 타케히코 · 사진: HONDA

내연기관+변속기로 구동과 회생을 위한 모터를 「추가한」 간단한 하이브리드

두 가지 동력을 다양한 상황에 맞게 때로는 개별적으로, 때로는 합체시켜서 나눠 사용함으로써, 에너지 이용효율을 높인다. 그 이상을 추구하는 것은 가능하지만, 반대로 시스템은 복잡해지고 중량도 늘어나 자동차 단독으로서의 연비 잠재력이 저하되거나 또는 비용이 크게 올라가서는 의미가 없다.

그렇게 생각하면, 메커니즘은 단순하게, 그런 가운데 가능한 범위의 효율향상을 끌어내는 것을 지향해야 하는 것은 아닌가. 이 현실론에 따른 선택은 「모터 보조

(어시스트)」가 된다.

즉 동력의 하이브리드화로 얻어지는 연비향상의 가장 유효한 부분, 내연기관은 저속 · 과도영역의 토크가 약하다. 여기를 모터로 커버하면, 엔진을 다운사이징할 수가 있다. 또한 운동 에너지를 감속 시에 전력으로 전환시켜 회수하여 가속으로 재이용한다. 이 두 가지를 완벽하지는 않더라도 현실 자동차에 적용하면 연비 잠재력 향상을 기대할 수 있다.

혼다도 이 방향을 선택했다. 그렇긴 하지만, 그 최초

의 "시판차"는 연비에 있어서 돌출된 존재로서 자동차 사회에 강력한 영향을 주고 싶어한다. 이 경우, 「연비」는 미국과 일본의 공적 모드시험 수치로 「세계최고」를 목표로 한다.

이렇게 해서 콤팩트한 디자인, 경량화, 타이어 회전 저항, 구동계통의 접동저항, 공기저항 등을 철저하게 감소시킨 자동차 제작이 진행돼, 목표로 삼은 수치를 달성하게 된다. 현실 사회에 있어서의 실용검사, 노하우 흡수 역할도 달성했다.

▶ IMA 장치의 작동 형태

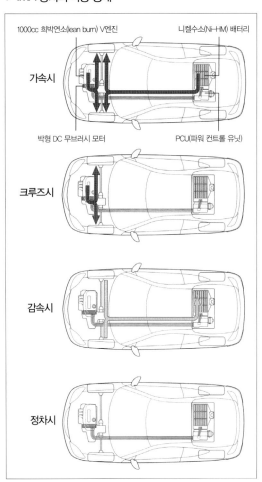

1000cc 희박연소(lean burn) V엔진 · 니켈수소(Ni-HM) 배터리

가속시

박형 DC 무브러시 모터 · PCU(파워 컨트롤 유닛)

크루즈시

감속시

정차시

엔진+변속기에 의한 구동을 기본으로, 출력이 약한 부분과 에너지 회수를 모터구동/발전으로 "보조(어시스트)"한다. 따라서 작동 형태도 간단하다. 정차해서 아이들링 스톱(차량이 정지 후 일정 시간이 지나면 엔진작동이 멈추는 것: idling stop) 후에 브레이크를 떼면 엔진이 시동하지만, 저속에서 움직여 재정지했을 경우, 첫 번째만은 엔진 정지상태가 된다.

▶ 파워 패키지 전개(全開) 성능곡선

내연기관의 저속 토크 약세를 모터로 보충해, 전개 전 부하(full load) 영역을 계속 사용하는 상황에서는 모터가 출력을 상승시킨다(전력이 있는 한). 이 이론대로 특성이 이루어지는데, 다만 이것은 전개 전 부하(full load) 상태이며, 저중부하에서 엔진을 구동하고 있는 상황에서는 구동력을 강하게 하면, 도중에서부터 모터 토크가 「상승」해 간다.

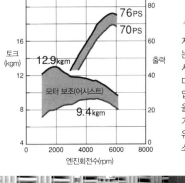

토크(kgm) / 출력 / 엔진회전수(rpm)

76PS / 70PS / 12.9kgm / 모터 보조(어시스트) / 9.4kgm

◀ 파워 유닛

직렬3실린더 993cc, 각 실린더 4밸브+SOHC, 저부하 영역에서는 희박연소(lean burn)에 NOx 흡입촉매를 장착한 엔진(ECA형)이다. 이 플라이휠 부분에 박형 모터를 탑재하고 있다. 모터는 교류 동기형식(DC 무브러시)의 사용이 정석이다.

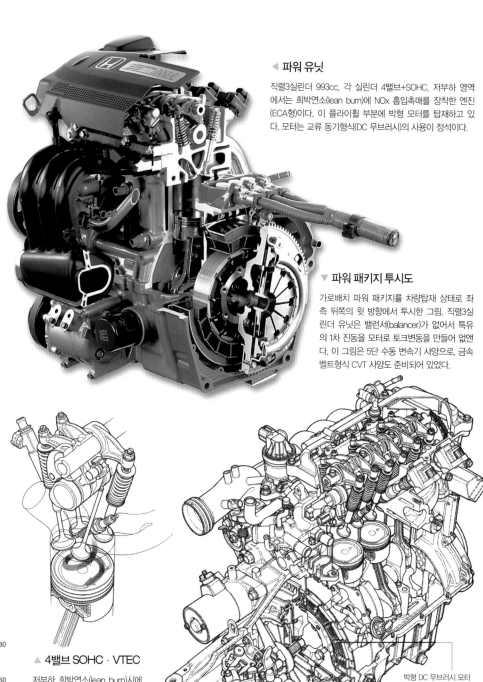

▼ 파워 패키지 투시도

가로배치 파워 패키지를 차량탑재 상태로 좌측 뒤쪽의 윗 방향에서 투시한 그림. 직렬3실린더 유닛은 밸런서(balancer)가 없어서 특유의 1차 진동을 모터로 토크변동을 만들어 없앤다. 이 그림은 5단 수동 변속기 사양으로, 금속 벨트형식 CVT 사양도 준비되어 있었다.

박형 DC 무브러시 모터

▲ 4밸브 SOHC · VTEC

저부하 희박연소(lean burn)시에는, 로커 암의 결합 핀을 움직여서 한쪽의 흡입 밸브를 정지시킨다. 다른 한쪽의 포트에서만 흡입됨으로써 스월(소용돌이: swirl)을 생성한다. 포트 분사로 혼합기의 성층화는 어렵지만, 가스 유동으로 희박공연비에서의 연소를 촉진한다.

공기저항이 작은 필름을 실현하기 위해, 풍동실험을 반복해 세부 조형을 만들어 갔다. 공기저항계수의 공표치는 Cd=0.25이다. 고속에서는 뒤쪽이 들어 오르거나 접지감 저하 또는 옆바람 등으로 세세하게 흔들리는 경향이 있었다.

철저히 경량화를 목표로 골격은 모두 알루미늄 합금제이다. 주요 관련 자재 등은 압출재를 쓰고, 서스펜션 연결부는 다이캐스트되었으며, 일부는 딕소캐스트(Thixo-cast)도 사용했다. NSX부터는 일보 진전해, 리사이클시의 해체 · 조성별 분리도 상정했었다.

시빅(Civic) · 하이브리드(Ⅰ)

모터 보조(어시스트)의 "실용" 하이브리드 첫 번째 작품

인사이트(Insight)로 시도한 혼다 · 모터 보조(어시스트) 방식.
그 실적을 바탕으로, 더 실용적이고 실천적인 형태로 나타난 것이 시빅(Civic) · 하이브리드.
소형이면서 양산 기술까지 포함해 실용화를 향한 바탕을 굳히는 단계로 나아갔다.

글: 모로즈미 타케히코 · 사진: HONDA

▶ IMA 모터

강력한 영구자석을 바깥쪽에 12개 배치한 회전자(로터) 주위를 3상권선 코일(스테이터)로 감싸서, 로터의 회전위치를 검출하면서 각각의 코일에 회전속도에 맞는 주파수 교류를 적절한 타이밍으로 가해준다. 말하자면 동기 모터로 직류에서 교류를 만들어 주파수를 제어하기 때문에 DC 무브러시 라고도 불리는 형식이다. 최고 출력은 10kW이다.

▲ 모터 보조(어시스트) + CVT

왼쪽은 파워 패키지의 구동 기구부분을 확대한 것이다. 적색으로 칠해진 부분이 일반적인 동력 유닛에 대해 "삽입"된 보조(어시스트) 모터 부분(왼쪽 그림)이다. CVT 벨트는 다른 것과 같은 네덜란드의 후벨타스 판 도르네사 타입이지만, 혼다의 경우 출력 쪽에 발진용 클러치가 위치하기 때문에 차량이 정지해 있어도 변속이 가능하다. 바꿔 말하면, 멈춰있어도 벨트와 풀리는 회전하기 때문에, 그 손실은 발생한다.

▲ 파워 패키지

직렬4 · 1340cc 엔진, IMA 모터, 금속 벨트형식 CVT가 일직선상에 배치되어, 가로 배치되는 파워 패키지. 차량탑재 상태의 좌측 앞쪽에서 본 모습이다. 엔진은 전면이 흡입이고 후면이 배기이다. 최고출력은 63kW지만 모터가 추가되면 69kW이다. 그 이상으로 저속 쪽의 토크 상승이 커서, 엔진 하나로는 최대119Nm/3300rpm이지만 모터가 더해지면 140Nm을 1000~3500rpm 사이에서 거의 일정하게 발생한다.

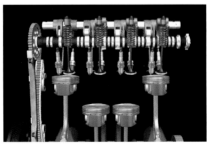

체인 구동 SOHC로 밸브를 작동시키는 로커 암의 연결 핀을 움직이면, 그림 우측(후방) 3실린더 밸브 작동을 위해 흡배기가 모두 멈추고 회생 효율을 확보한다. 감속 시에는 엔진회전이 1000rpm에 도달할 때까지 밸브 작동을 멈추게 된다.

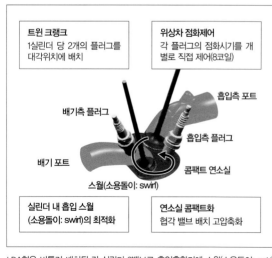

트윈 크랭크	위상차 점화제어
1실린더 당 2개의 플러그를 대각위치에 배치	각 플러그의 점화시기를 개별로 직접 제어(8코일)

배기측 플러그
흡입측 포트
흡입측 플러그
배기 포트
콤팩트 연소실
스월(소용돌이: swirl)

실린더 내 흡입 스월	연소실 콤팩트화
(소용돌이: swirl)의 최적화	협각 밸브 배치 고압축화

LDA형은 비틀려 배치된 각 실린더 2밸브로 흡입혼합기에 스월(소용돌이: swirl)을 일으켜, 양쪽에서 들어가는 2플러그로 위상차를 두어 점화를 이룬다. 실제 영역 토크의 강화를 노린 튜닝을 포함해 「비-혼다적」인 엔진.

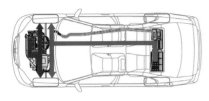

▶ IMA 장치의 작동과 디스플레이

주행상황에 맞는 IMA(Integrated Motor Assist) 장치의 작동 형태는, 물론 인사이트(Insight)와 차이가 없다. 3렬 계기의 좌측은 상부에「전류-보조(어시스트)」표시, 우측에 배터리 잔량 표시가 나타난다.

▶ Ni-MH 배터리 팩 + PCU

혼다는 인버터를 포함한 모터 제어장치 등 파워 컨트롤 유닛과 배터리를 한 개의 케이스에 수납해 시트 뒤에 탑재시켰다. 니켈-수소 배터리는 규격 사이즈인 원통형으로, 1개 6쉘 x 20모듈로서 120셀로서 144V이다. 당연하지만 이 케이스 내 전체에 냉각용 바람이 흐르는 구조로 되어 있으며, 뒤 윈도우 아래 트레이 부분에서 공기를 흡입하여 그림의 왼쪽 위에 있는 팬에서 트렁크 룸 안으로 배출한다.

엔진과 CVT 사이에 위치하는 모터, 뒤 시트 배후의 전력 공급 패키지를 추가할 뿐이기 때문에, 기존 차종의 공간에도 무리 없이 장착 가능하다. 이 세대의 시빅(Civic) 계열은 하체설계에 약점이 많아, 특히 후륜 토우 간섭이 크다는 것과 IMA의 보조(어시스트) 상승이 서로 작용해, 고속 운행할 때 미끄러지듯이 주행하는데 주의를 기울였다.

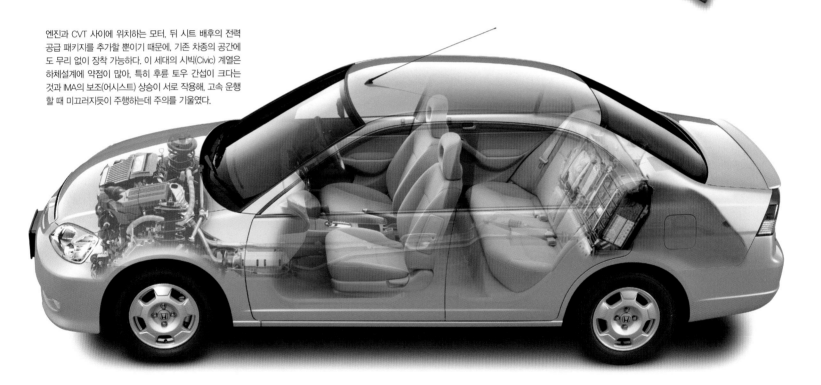

인사이트(Insight)의 실적을 반영해 안정감을 증대시킨 엔지니어링. 구동력 혼합에 아직 약점이 보인다

인사이트(Insight)에서, 시작차량 수준부터 시도한「시판차」로서의 모터 보조(어시스트)·하이브리드의 기능요소를 개발, 제조하여 현실 시장과 노상에서의 실적을 쌓은 혼다에게 있어서, 다음 단계는 당연히 더 대중적인 차종으로의 적용이다. 그 대상이 시빅(Civic)·세단인 것도 또한 당연한 결과였다.

파워 유닛은 다운사이징 원칙에 따라 배기량 1300cc의 직렬4실린더. 피트에 도입된 각 실린더 2밸브+2플러그 LDA형을 탑재. 보조(어시스트) 모터를 끼워, 금속 벨트형식 CVT를 조합시킨다. 엔진과 모터가 하나로 회전하는 형태의 약점은, 감속과 회생 중에 엔진 저항, 소위 말하는 엔진 브레이크가 상당히 커서, 그만큼 모터를 역구동해 발전하므로 회수할 에너지양이 감소하는 것이다. 그 대책으로, 시빅(Civic)·하이브리드부터 엔진 밸브 작동을 정지시켜 흡배기를 멈춤으로써 각 실린더 내에 남은 공기를 압축·팽창하는 것뿐으로, 펌핑·에너지를 삭감하는 형식의 방법도 도입했다(4실린더 중 3실린더).

그렇다고는 하지만 고속운행중 등과 같이 구동력을 확 높이고 싶은 상황에서 모터 토크가 상승되는 순간, 구동력 증가가 불룩한 선 모양이 되는 방식으로 필요 이상의 가속이 되는 문제들이 있다. 이렇듯, 주행성능은 아직 세련될 여지가 있으며, 실용연비도 운전자나 주행상황에 따라 개선해야 할 여지가 많다.

시빅(Civic) · 하이브리드(II)

모터 보조(어시스트)에 하이브리드 효과를 더 많이 투입

기술적인 생각은 달라도 라이벌이 구현화한 연비 잠재력을 확인해,
그 장점을 살려내면서, 단순함을 이점으로 하는 모터 보조(어시스트) 능력을 끌어올려 왔다.

글: 모로즈미 타케히코 · 사진: HONDA

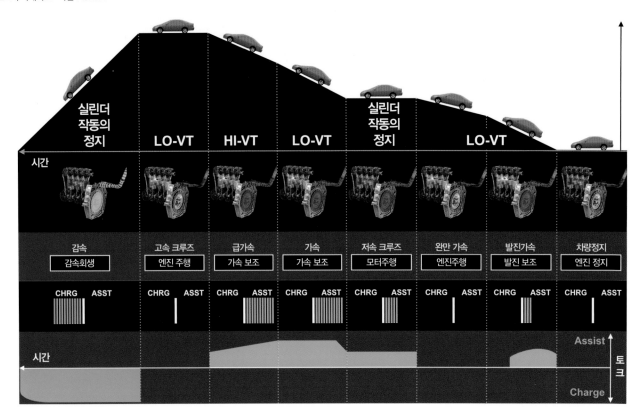

수온계/순간연비계통(전환식)
IMA 보조(어시스트) 표시
IMA 충전 표시
배터리 잔량표시
아이들링 스톱 표시
오토/트립/평균연비계열/외기온도표시

실질 연비를 한 단계 향상시키면서, 빨리 달리는 능력도 끌어올림

인사이트(Insight), 시빅(Civic) 하이브리드(초기모델)로, 개량과 숙성은 진전되었지만 기본적으로는 같은 엔지니어링 같은 제어였다. 그 가운데 다양한 한계, 하이브리드 동력 차량으로써 더 에너지 이용효율을 높일 수 있는 부분, 그리고 동력성능 그 자체의 향상 등, 여러 가지 일들이 들어났을 것이다.

기본형은 계승하면서도, 내용을 새롭게 하여 등장한 제2세대 시빅(Civic) · 하이브리드를 주행한다보면, 계통의 작동, 제어 등에 중요한 변경이 몇 군데 가해졌다

는 것을 확인할 수 있다.

대개는, 하이브리드 동력화의 사상 자체가 다르다고는 하지만, 현실 시장과 노상에 있는 직접적인 라이벌인 프리우스 장치의 특성, 하이브리드 연비 잠재력을 끌어내는 방법 등을 체험하고 분석했다는 사실을 엿볼 수 있는 개선이기도 하다.

특히 감속해서 정지, 아이들링 스톱(차량이 정지 후 일정 시간이 지나면 엔진작동이 멈추는 것: idling stop)하고 있는 상태에서 브레이크를 떼고 엔진을 움

직여 조금 주행, 다시 정지했을 때에 엔진도 재정지하는 횟수가 기존의 1회에서 2회로 증가한 것이 그렇다. 또한 일본의 일반도로를 중속 운행 정도로 달리고 도로도 평탄한 상황에서는, 밸브 작동을 멈추고 실린더 작동의 정지와 모터만으로 주행하는 모드도 추가되었다.

어느 순간 이 EV(전기 자동차: electric Vehicle) 상태를 유지하는 것이 상당히 어렵긴 하지만…… 모터 토크 「상승」의 자연스러움도 아직 개선 여지가 있다.

▼ 파워 유닛

엔진 본체는 선대부터 계승된 1.34ℓ, LDA형. 각 실린더 당 2밸브지만 흡입측은 저속용, 고속용 2종류의 캠을 전환하면서 흡배기 밸브 작동도 정지하는 3스테이지 VTEC(Variable Valve Timing Engine Control) 엔진을 탑재하고 있다. 모터도 출력을 50% 증가시킨 신형이며, 동력 성능과 하이브리드 작동내용도 확장되었다.

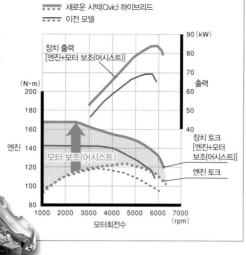

▶ 구동기구 전개도

```
▨▨▨▨ 새로운 시빅(Civic) 하이브리드
┈┈┈┈ 이전 모델
```

장치 출력
[엔진+모터 보조(어시스트)]

(N·m)

엔진

모터 보조(어시스트)

90 (kW)
80
70 출력
60
50
40

장치 토크
[엔진+모터
보조(어시스트)]

엔진 토크

200
180
160
140
120
100
80

1000 2000 3000 4000 5000 6000 7000 (rpm)
모터회전수

▶ 혼다 VTEC (Variable Valve Timing Engine Control) 장치

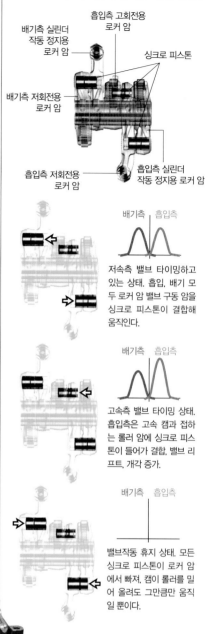

흡입측 고회전용
로커 암

배기측 실린더
작동 정지용
로커 암

싱크로 피스톤

배기측 저회전용
로커 암

흡입측 저회전용
로커 암

흡입측 실린더
작동 정지용 로커 암

배기측 · 흡입측

저속측 밸브 타이밍하고 있는 상태. 흡입, 배기 모두 로커 암 밸브 구동 암을 싱크로 피스톤이 결합해 움직인다.

배기측 · 흡입측

고속측 밸브 타이밍 상태. 흡입측은 고속 캠과 접하는 롤러 암에 싱크로 피스톤이 들어가 결합, 밸브 리프트, 개각 증가.

배기측 · 흡입측

밸브작동 휴지 상태. 모든 싱크로 피스톤이 로커 암에서 빠져, 캠이 롤러를 밀어 올려도 그만큼만 움직일 뿐이다.

하이브리드 구동 모드의 변형 증가

엔진은 VTEC 전환으로 3패턴, 여기에 모터 보조(어시스트)를 조합해 구동 모드에 대한 변화의 폭이 넓어졌다. 이것을 주행상황에 맞게 어떻게 조합하여 하이브리드로서의 잠재력을 높일까. 그 기본 개념은 왼쪽 페이지 위에 표시되어 있다. 중고속 운행과 같은 상황에서는 엔진으로 주행하는 것이 기본이다. 가속에 들어가면, 엔진회전과 가속 강도에 맞추어 캠의 전환과 모터

보조(어시스트)량이 달라진다. 감속시의 회생효율을 확보하기 위한 밸브 작동정지는 이번에 4실린더 모두 갖추게 되었다. 엔진이 이 상태에서 모터로만 구동하는 모드도, 상황은 한정되지만 추가되었다. 아이들링·스톱(차량이 정지 후 일정 시간이 지나면 엔진작동이 멈추는 것: idling stop)으로부터의 시동, 재정지의 「카드」가 1회 늘어난 것도 실용연비에는 효과적이다.

1개의 캠축 상에, 흡입측2, 배기측1의 캠이 각 실린더마다 배치되어, 롤러 로커 암이 접해 있다. 이 로커 암의 반대측, 밸브 스템과 결합하는 암은 별개로, 그것을 결합하는 핀을 유압으로 움직여, 상대운동 가운데 구멍 위치가 맞으면 핀이 들어간다. 이 핀의 움직임으로 어느 캠의 작동을 전달할지, 또는 전혀 전달하지 않고 밸브 움직임을 멈출지를 전환한다.

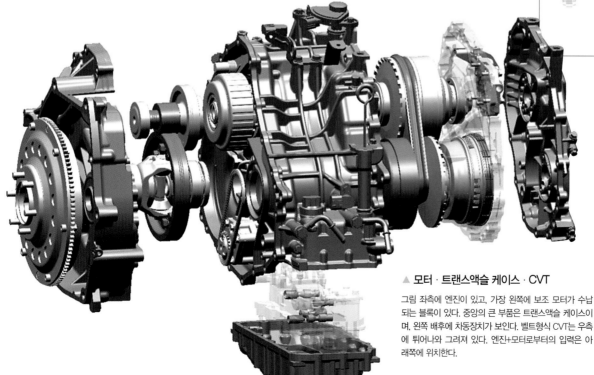

▲ 모터 · 트랜스액슬 케이스 · CVT

그림 좌측에 엔진이 있고, 가장 왼쪽에 보조 모터가 수납되는 블록이 있다. 중앙의 큰 부품은 트랜스액슬 케이스이며, 왼쪽 배후에 차동장치가 보인다. 벨트형식 CVT는 우측에 튀어나와 그려져 있다. 엔진+모터로부터의 입력은 아래쪽에 위치한다.

⊙ 하이브리드 기능요소는 정상 진화

● 각각의 요소에 대해 성능을 끌어올려, 조밀도를 높였다

장치가 간단한 만큼, 또한 엔진 등 주요기구 요소에 큰 변화가 없는 만큼, IMA(통합형 동력지원 모터: Integrated Motor Assist) 장치의 기본배치에도 그리 큰 변화는 없다. 왼쪽 그림에 나타나 있듯이 엔진 직결 모터와 배터리와 파워 제어계통을 하나로 수납한 케이스는 뒤 시트 배후에 위치한다. 그러나 토요타에는 미치지 못하지만 양산규모가 확대되어 미국에 수출되는 어코드에 동일 장치가 탑재된 일도 있어서 각 기능요소의 설계, 구성은 더 꽉 차게 하여 내부 밀도가 올라가고, 콤팩트해졌다.

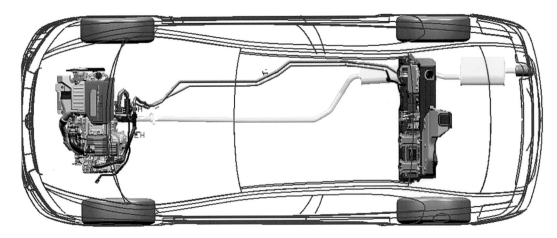

로터(회전자)는 기존대로 연자성재의 외주 면에 영구자석을 붙여놓은 구조였지만, 적층된 K소강(K素鋼, 실리콘 스틸)판 사이에 자석을 삽입하는 구조로 변경하였다. 그 자석을 단면 내에서 각도를 바꿔 배치해 자기저항 토크를 활용한 것은 최근의 경향이다. 스테이터는 코일 권선을 환단면으로부터 각단면으로 바꿔 틈새가 없이 감아서 권수가 증가.

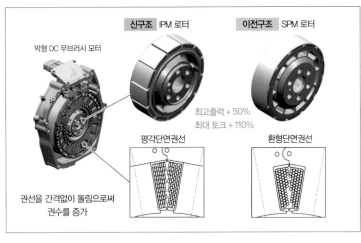

박형 DC 무브러시 모터

신구조 IPM 로터

최고출력 + 50%
최대 토크 + 110%

평각단면권선

권선을 간격없이 돌림으로써 권수를 증가

이전구조 SPM 로터

환형단면권선

상용영역에서 연비 잠재력을 높이는 관건은, 감속시 회생으로 얼마나 유효하게 에너지를 전력으로 바꾸는가에 있다. 우선 모터와 일체로 회전하는 엔진의 저항을 더 줄이는 방법으로 해서 회생 브레이크 효과를 상당히 강화했다. 그에 대응해 기계적인 브레이크의 협조제어 내용과 강도도 변화한다.

▶ 혼다 IMA 장치 작동도

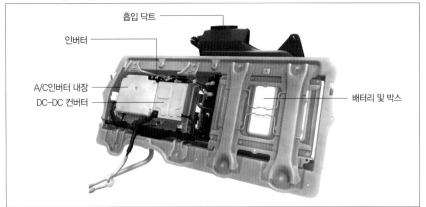

흡입 덕트
인버터
A/C인버터 내장
DC–DC 컨버터
배터리 및 박스

▶하이브리드 구동 에어컨 · 압축기

공조용 압축기는 엔진으로 구동되는 75cc의 스크롤과 15cc로 작지만 하이브리드용 전력을 사용하는 모터로 구동되는 스크롤을 일체화한 구조로 난방 물 순환 펌프도 전동화하였다.

전력제어계통 유닛은 모두 소형화하면서, 성능은 향상되었다. 배터리는 전극 형상이나 표면처리를 바꾸고, 전해액도 개량하는 등 내부저항을 절감시켜 출력 밀도를 향상시켰다. 환단면을 서로 다르게 쌓는 형태로 해서 간격을 줄임으로써, 132셀, 158V로 증량하면서도 배터리 팩 내용을 작게 하고 있다.

▶ 모터 구동용 인버터

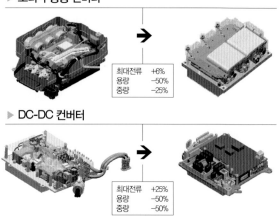

최대전류	+6%
용량	−50%
중량	−25%

▶ DC-DC 컨버터

최대전류	+25%
용량	−50%
중량	−50%

▶ Ni-MH 배터리

출력밀도 +25%

집전부

집전부

혼다류 "내제(內製)"+양산규모에 맞춘 유연성 있는 생산

현재, 혼다 IMA 장치 탑재차량은 스즈카 제작소에서 시빅(Civic)을, 사이타마 제작소에서 미국 시판용 어코드(Accord)를 각각 생산하고 있다. 인사이트(Insight) 제조도 2004년에 타카네자와 공장에서 스즈카로 옮겼다(NSX, S2000도). 시빅(Civic)·하이브리드 제조는 스즈카 제작소의 한 라인인데, 현실상 하루 양산 상한은 약 260대이다. 그 한계에 가까운 생산이 계속되고 있다.

이 만큼의 양을 소화할 정도지만, 혼다답게 스즈카 제작소 내의 별도 건물에서 모터부터 제작해 그것을 전용 엔진조립 라인으로 보낸 뒤, LDA형 4실린더 후면에 결합시키고, 또한 차량 조립 라인 옆에 설치된 서브 어셈블리(sub-assembly) 구역에서는, 원통 모듈로 반입된 배터리, 전력제어계통을 조립해 개별적으로 확인검사를 실시한다. 심지어 그것을 뒷자리 배후에 수납하는 패키지로 만든 뒤, 전기 계통 전반의 결선과 기능(충방전 등)을 전용 검사기로 점검하는 과정이 진행되고 있다.

엔진과 IMA(Integrated Motor Assist) 모터를 조립한다. 또한, 스테이터 코일이나 로터도 내장시킨다.

IMA 모터 조립

별도의 장소에서 스테이터 코일의 권선으로부터 비로소 조립된 모터의 외곽 블록이 엔진 블록 조립 구역으로 옆으로 들어온다.

아직 실린더 헤드 조립전의 상태인 엔진 블록을 뒤집어서(메인 베어링 캡을 연결한 래더 빔이 위로 향해 있다), 블록 후단면에 모터 외곽을 조립한다.

다음으로 로터를 삽입하고, 크랭크축 후단에 체결한다. 로터 외주부에는 강렬한 자력을 갖는 영구자석이 주변 전체에 걸쳐 들어있기 때문에, 철에 달라붙으면 사람의 힘으로는 떼어 낼 수 없다고 한다.

배터리 팩+파워 컨트롤 유닛 조립·검사

▲ 원통 모듈 단일체로 납입된 Ni-MH 배터리(최근, PEVE 외에 SANYO 제품도 사용)를, 수작업으로 케이스에 넣어 차량탑재용 패키지를 조립한다.(상단 가운데) 파워 컨트롤 유닛 내부의 모터 제어용 인버터, DC-DC 컨버터의 차량 결합상태로의 조립이나 결선 역시 그 옆에서 이뤄지고 있다.(상단 우측) 개개인의 작업자가 유닛을 하나씩 맡아 완성까지 담당한다.

◀ 배터리, 전자제어계통 각각의 블록 조립이 끝나면, 뒷좌석 배후에 탑재할 전력 유닛 케이스 안에 탑재(사진 좌)시킨다. 마지막으로 최종적인 결선을 하면서, 전용 커넥터 보드로 검사기와 연결해 배선상태를 점검하고, 충전 및 방전 등의 전력기능을 검사한다. 판매 시장에 나가서 문제점이 발생했을 경우, 배터리나 유닛 조립 단계까지 추적이 가능하다고 한다.

05

니산 하이브리드 장치(NISSAN HYBRID SYSTEM)

독자기술과 THS의 병존

독자적으로 개발한 직렬(시리즈)+병렬(패럴렐) 방식의 「네오 하이브리드(NEO HYBRID) 장치」는, 카를로스 곤 체제하의 경영진에게 있어 개발동결의 아픔으로 남아있다. 그러나 11월 9일자 신문보도에서, 다시 독자기술의 개발에 나선다는 뉴스도 있다.

글: 마쯔다 유지 · 사진: NISSAN

▶ 국산 HV에서 가장 순수한 특성

본지 어드바이저(Advisor)인 모로즈미 타케히코씨가 말하길, 「티노(Tino) · 하이브리드는, 사람=기계계통으로서의 구동력 제어성이, 지금까지 가장 순수한 하이브리드 차량 가운데 하나였다」라고 한다. 또한, 「그것을 생각하면서, 다시 장치를 살펴보면, 선대의 에스티마(Estima) · 하이브리드와 거의 가까운 구성으로 되어 있다. 여기에 무언가 열쇠가 있을 것 같다」라고도 한다.

장치의 구성면으로는, 직렬(시리즈)+병렬(패럴렐)형식의 하이브리드가 된다. 엔진 출력은 발전/시동용 모터로 배분되어, 거기서 얻은 전력은 인버터를 매개로 리튬이온 배터리로 모아진다. 인버터는 병렬적으로 하나 더 구동/회생용 모터로 접속되어, 그 끝에는 변속기인 「HYPER CVT」가 있다. 즉, 엔진과 변속기는 직접 연결되어 있지 않으며, 구동의 기본은 구동/회생용 모터로 이루어진다. 엔진과 구동/회생용 모터 사이는, 동작이 빠른 전자 클러치에 의해 차단이 가능하다. 즉, 모터로도 그리고 엔진 모터로도 구동이 가능했다.

어쩌면, CVT까지 포함한 통합제어의 세련됨이 그 "순수함"을 실현했던 최대의 요소가 아닌가 한다.

◉ 티노(Tino) · 하이브리드

◀ 파워 패키지

일반적으로는 변속기 등이 위치하는 공간을 이용해, HV용 기구를 집중시켜 탑재하고 있다. 사진 좌측의 검은 부분이 엔진이고, 중앙 아래쪽이 전자 클러치이며, 그 끝이 구동용 모터이다. 우측 상단의 각인된 상자가 파워소자 IPM을 채용한 인버터이다. 발전용 모터, 배터리는 이 사진에서는 보이지 않는 위치에 있다.

결국, 유일하게 독자 개발한 HV 장치 탑재차량이 되어 버린 티노 · 하이브리드. 315만엔이라는, 개인 사용자라도 충분히 구매력이 있는 가격 설정이었지만……

기본 차량인 티노는, 르노 · 세닉(Renault Scenic)의 복사판으로, 야유를 받을 정도로 흡사한 패키지였다. 현재의 「미니밴」 패키지에도 강력한 영향을 주고 있다.

▶ 네오 하이브리드(NEO HYBRID) 장치

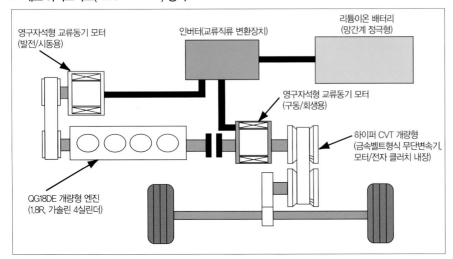

영구자석형 교류동기 모터
(발전/시동용)

인버터(교류직류 변환장치)

리튬이온 배터리
(망간계 정극형)

영구자석형 교류동기 모터
(구동/회생용)

하이퍼 CVT 개량형
(금속벨트형식 무단변속기,
모터/전자 클러치 내장)

QG18DE 개량형 엔진
(1.8R, 가솔린 4실린더)

구성상, 구동 주체는 오히려 구동/회생용 모터이고, 엔진이 보조(어시스트)역을 맡고 있는 것처럼 보인다. 발진시는 모터만, 급가속 시는 발전을 멈추고 엔진 출력을 모두 구동으로 사용하며, 감속 시는 전자 클러치를 차단해 회생을 한다. 이 클러치의 제어가 부드러움의 열쇠가 될 것이다.

계기판 중앙의 카 내비게이션에는, 배터리 잔량, 회생상황 등을 실시간으로 표시하는 모니터 기능이 갖추어져 있다. AT 선택기는 기본 차량과 같이 칼럼에 장착되고, 실내 워크 스루(Walk Through)를 가능하게 했다.

닛산은 조기 단계부터, 차세대 배터리로서 니켈계통이 아니라, 리튬계통 배터리 발전에 관여해 왔다. 티노(Tino) · 하이브리드에 탑재되었던 것도 물론 리튬이온 배터리이며, 유닛 2개를 직렬로 연결하여, 용량은 3Ah이었다.

◉ THS의 도입 알티마(Altima)·하이브리드(북미용)

2007년부터 시판되었던 알티마(Altima)·하이브리드. 투입된 주요 목적은 캘리포니아 주의 배기가스 규제에 대처하기 위해서였다. 생산은 현지 공장에서 하고 있으며, 현 시점에서 북미시장 이외로의 투입 예정은 없다.

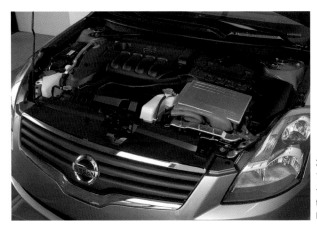

2488cc의 QR25형 엔진은, 최고출력 158hp, 최대토크 162lb-ft. THS 모터는 최대 출력 40,hp, 최대토크 199lb-ft. 최고전압은 650V이다. 배터리는 Ni-MH로 244,8V를 발생한다.

너무나도 미국식인 계기판 주변의 디자인. 콘솔 중앙부의 모니터에, HV 기구관련의 실시간 표시가 되는지 어떤지는 불분명하다.

▶ THS 도입 의도

THS 장치 공급 기본차량인 캠리(Camry)도 마찬가지지만, 북미시장에 한해서 하이브리드 판을 투입하는 것은 캘리포니아 주의 배기가스 규제대응이 최대의 목적이다. 미국에서 가장 배기가스 규제가 심한 캘리포니아 주에서는 왕년의 ZEV(무공해 자동차: Zero Emission Vehicle)법 등의 지침이 남아 있어, 제작사로서 거기에 대응할 필요가 있기 때문이다.

즉, 제작사의 입장을 주장하기 위해서 판매차종에 HV판을 준비하는 것은 필연적 요구인 것이다. 도입된 것이 캠리(Camry), 알티마(Altima)와 같은 달러박스 차종인 것에서도 납득이 갈 것이다. 그 이유만으로도 독자 개발할 필연성에 대한 이야기를 이해하기 쉬울 것이다.

"적용"으로서의 THS

「닛산이, 토요타 본사에서 HV 장치를 공급받는다.」 어느 의미로 일본 자동차업계가 시작된 이래, 가장 충격적인 뉴스였음에 틀림없다.

당시의 닛산은 「미스터 코스트커터(비용 삭감자)」라고 불린 카를로스 곤 사장의 투자효율평가, 개발 분리 정책을 가장 철저히 진행하던 시기이기도 했고, 아직 미지의 시장이었던 HV에 대해서는, 자사개발을 계속하기보다는 이미 실적이 있는 유닛을 타사에서 구입하여 사용하는 편이 비용 면에서는 더 효율적이라고 판단했던 결과이다. 그 파트너로서 선택한 것이 토요타였으며, 캠리(Camry)·하이브리드용 THS(Toyota Hybrid System)를 구입하게 된 것이다.

「기술 집단으로서의 브랜드라는 명성을 빼면, 서로 Win-Win 관계를 맺을 수 있는 제휴인 셈이죠(개발담당자의 한 사람인 HEV개발부 제1 HEV 그룹 주담당인 이즈 요시유키)」라고 말하지만, 현재로는 개발 단계인 상태로 납득이 가는 것 같다.

또한, 공급을 받는 것은 어디까지나 HV 부분의 패키지만으로, 조합할 엔진은 닛산제[제1탄인 2007년 신차년도(Model Year)인 알티마(Altima)·하이브리드에서는, QR25형 직렬4실린더를 탑재]이고 제어계통도 독자적으로 개발하고 있기 때문에, 엔진특성이나 능력 등의 차이점과도 아울러, 「HV차로서의 특성은 상당히 다른 스타일이죠(이즈)」라고 한다.

● e-4WD
완전한 하이브리드는 아니지만…

최대 특징은, 배터리나 콘덴서 등의 축전 기구를 갖지 않는다는 것이다. 「강설지대 이외의 곳까지를 목표로, 소형 FF 차량을 기본으로 한, 나름대로 간단한 4WD 장치를 만들고 싶었다(개발담당자중 한 사람인 HEV개발부 제1 HEV 그룹 주담당 기요타 시게유키씨)」라는 것이 그 이유이다.

엔진에는 클러치를 매개로 전용 발전기를 장착하고, 거기서 발전된 전력을 후륜 축에 배치한 구동용 모터로 직접 보낸다. 또한, 기본적으로 발진시나 좌우 진행시의 안정성 향상이 목적이므로, 차속이 30km/h에 도달한 시점에서 클러치를 끊어 완전하게 FF화하는 것이 특징이다.

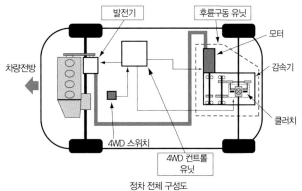

정차 전체 구성도

발전기 · 후륜구동 유닛 · 모터 · 감속기 · 클러치 · 4WD 스위치 · 4WD 컨트롤 유닛 · 차량전방

06 미국 · 하이브리드의 태동

일본 제작사에서 보내진 하이브리드 구동 승용차는, 미국에서도 선진기술의 이미지를 급속하게 침투시켰다.
거기에 대응할 수 있는 제품 개발에는 시간이 걸린다. 그래서 우선 "잠정적"인 모델 투입이 시작되었다.

글: 모로즈미 타케히코 · 사진: FORD/ Saturn/ 스미요시 미치히토

이미지를 내세운 시장 창출. 거기에 투입할 잠정적 하이브리드·모델이 급속히 개발되었다

캘리포니아 주가 선도했던 대기오염방지책, 특히 ZEV(무공해 자동차: Zero Emission Vehicle), 「유해성분을 배출하지 않는 자동차」의 의무판매는 실현불가능에 가까운 어려움 때문에 종종 화제를 일으키며 기삿거리가 되었다. 더구나 연방정부도 초고연비 차량이나 연료 배터리 등 차세대 에너지 동력차량의 개발 프로그램을 제창해 과학기술의 맹주로서의 입장을 회복하려고 하고 있다.

이러한 사회적 배경이 있는 곳에, 일본 메이커가 선도적으로 세계 시장에 투입했던 하이브리드 동력 승용차를 투입하게 된다. 그 기술적 의미와 구체적인 연비 개선 잠재력 등의 논리 이전에, 미국의 지식인이나 언론에 있어서는 「아주 새로운 차세대 자동차」라는 이미지가 중요했다. 물론 원래의 개발 목표인, EPA(미국환경보호청)의 모드 연비 공표 치에서는, 프리우스(Prius)나 인사이트(Insight)도 발군의 수치를 달성해 보였다.

그에 따라 미국에서도 「하이브리드=환경계열 하이테크」라는 이미지가 굳어져 갔다. 다만, 뉴욕 주변의 동해안과 LA를 중심으로 한 서해안이라는 대륙 양끝에 한정된 것이기는 했다. 그리고 나라와 주 수준의 행정도 또한 「하이브리드를 조기에 늘리는 것이 바람직하다」라는 분위기로 흘러간다.

미국 제작사로서는, 이 새로운 시장에 투입할 자동차 개발을 서두르지 않으면 안되었다.

◉ 포드 이스케이프 하이브리드(Ford Escape Hybrid) 일본제 하이브리드 동력기구를 채택

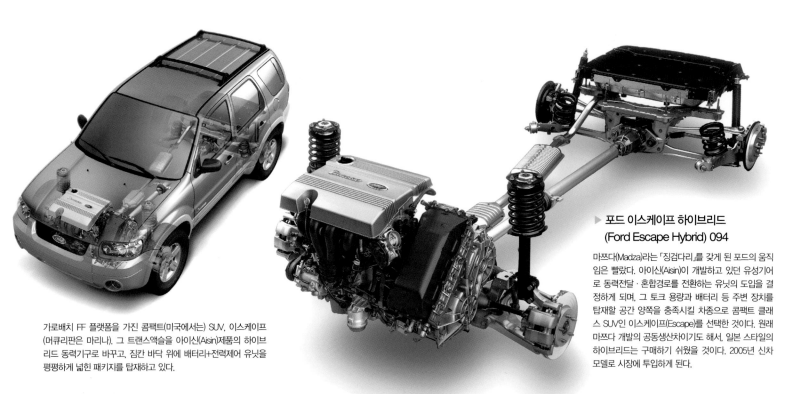

▶ 포드 이스케이프 하이브리드
(Ford Escape Hybrid) 094

마쯔다(Madza)라는 「징검다리」를 갖게 된 포드의 움직임은 빨랐다. 아이신(Aisin)이 개발하고 있던 유성기어로 동력전달 · 혼합경로를 전환하는 유닛의 도입을 결정하게 되며, 그 토크 용량과 배터리 등 주변 장치를 탑재할 공간 양쪽을 충족시킬 차종으로 콤팩트 클래스 SUV인 이스케이프(Escape)를 선택한 것이다. 원래 마쯔다 개발의 공동생산차이기도 해서, 일본 스타일의 하이브리드는 구매하기 쉬웠을 것이다. 2005년 신차 모델로 시장에 투입하게 된다.

가로배치 FF 플랫폼을 가진 콤팩트(미국에서는) SUV, 이스케이프(머큐리판은 마리나). 그 트랜스액슬을 아이신(Aisin)제품의 하이브리드 동력기구로 바꾸고, 짐칸 바닥 위에 배터리+전력제어 유닛을 평평하게 넓힌 패키지를 탑재하고 있다.

사진 좌측은 파워 패키지를 전면에서 본 것. 직렬 4 · 2300cc 가솔린 엔진에, 70kW라는 강력한 모터와 유성기어를 조합해 CVT 기능도 갖게 한 동력혼합기구 형식의 THS적 메커니즘을 결합시키고 있다. 중앙 사진은 유성기어 부분을 확대한 것이다.

왜건계열 차체의 짐칸 바닥면에 위치하는 전력공급 · 제어 패키지. 배터리와 그 제어 · 감시 장치는 산요가 공급하고 있다. 사진 중앙에 보이는 녹색 원통이 규격 사이즈인 니켈-수소 배터리 모듈이다.

◉ GM 픽업트럭 한정적 모터 보조(어시스트), 납(鉛) - 산(酸)배터리의 잠정판

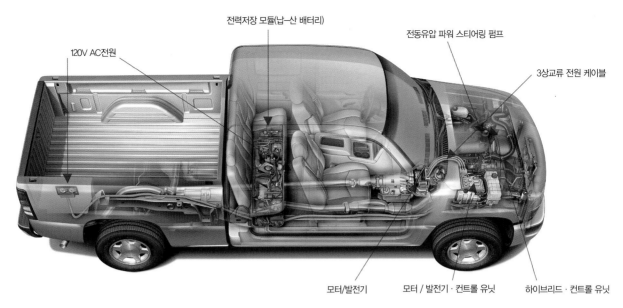

전력저장 모듈(납-산 배터리)

120V AC전원

전동유압 파워 스티어링 펌프

3상교류 전원 케이블

모터/발전기   모터 / 발전기 · 컨트롤 유닛   하이브리드 · 컨트롤 유닛

42V의 납-산 배터리를 탑재했다. 발진보조 정도의 용량으로, 중량차량의 가속 보조(어시스트)에 사용하기에 전력저장량은 아주 작다. 하이브리드 구동은 계기판의 스위치로 선택할 수 있다. 이런 종류의 픽업의 일상적인 사용방법 가운데, 가정용 전원과 대응하는 범용전원이 있으면 편리하다는 발상은 크라이슬러에서도 마찬가지이다.

▶ GM 픽업트럭(Pickup Truck)

미국의 자동차 업계 빅3는 제각각이다. 우선은 풀사이즈 픽업의 하이브리드 사양을 준비했다. 각 제작사가 2004~2006년 신차 모델로 투입한다는 계획이었지만, 현실적으로는 아직 소량 판매에 그치고 있다. 여기서 소개하는 것은 GM 쉐보레 실버라도(Chevrolet Silverado)와 GMC 시에라(Sierra)의 한정판 하이브리드 사양이다. 모터를 엔진과 변속기 사이에 배치시킨 모터 보조(어시스트) 형식이다. 주로 감속 시에 발전해 운전실 뒤쪽의 납-산 배터리에 충전하며, 발진보조나 정차 시에 범용 전원으로 이용한다.

◉ Saturn Vue "Green Line" 알터네이터를 반대로 사용하면······

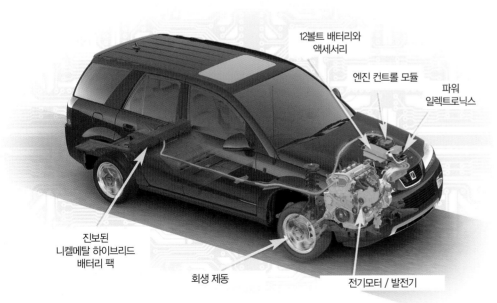

12볼트 배터리와 액세서리

엔진 컨트롤 모듈

파워 일렉트로닉스

진보된 니켈메탈 하이브리드 배터리 팩

회생 제동

전기모터 / 발전기

▶ Saturn Vue "Green Line"

기존 모델에 최소한의 장치를 추가해, 개발 공수(일정한 작업에 필요한 인원수를 노동 시간 또는 노동일로 나타낸 수치)를 줄여도 에너지 이용효율을 개선할 수 있는 한정적 하이브리드를 만들 수 없는가. 엔진에는 원래 발전기가 장착되어 있다. 이 출력/발전능력을 조금 크게 하고, 엔진시동, 크리프(Creep)나 약한 구동력을 증강, 감속시 회생 발전을 한다. 폭이 넓은 립 벨트(ribbed belt)를 매개로 엔진의 크랭크축과의 사이에서 회전력을 주고받는 식의 상당히 강인한 방법이다. 분명히 엔지니어링의 수정은 확실히 아주 조금만 하게 된다.

모터/발전기는 발전출력 최대 5kW이며, 구동에 사용할 경우에 최대 토크가 65Nm이다. 운전석 후방에 있는 배터리는 Ni-MH로 42V이며, 모터, 전력제어 하드웨어 등은 히타치(Hitachi)가 공급한다. 2007년 신차 모델부터 투입했다.

D-C+GM+BMW "연합군" 출현 - 2모드 하이브리드

본격적인 반격 개시. 하이브리드화의 잠재력을 완전히 끌어내는 구상

일본 제작사의 하이브리드 공세에 대응하기 위해, 거대한 컨소시엄이 출현했다. 더구나 앞선 일본 제작사의 기술을 철저하게 연구하여, 그 한계를 뛰어넘는 기술 구상을 이미 구체화하고 있다. 최초로 도입하는 범주 선택도 실리적이고 이론적이다.

글: 모로즈미 타케히코

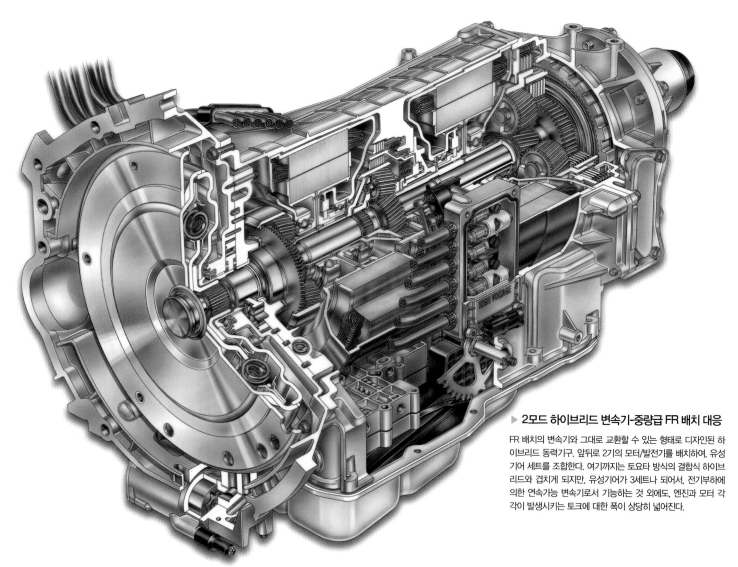

▶ 2모드 하이브리드 변속기-중량급 FR 배치 대응

FR 배치의 변속기와 그대로 교환할 수 있는 형태로 디자인된 하이브리드 동력기구. 앞뒤로 2기의 모터/발전기를 배치하여, 유성기어 세트를 조합한다. 여기까지는 토요타 방식의 결합식 하이브리드와 겹치게 되지만, 유성기어가 3세트나 되어서, 전기부하에 의한 연속가능 변속기로서 기능하는 것 외에도, 엔진과 모터 각각이 발생시키는 토크에 대한 폭이 상당히 넓어진다.

철저한 사고와 냉철한 기업의지로, 일본의 세력을 넘어서는 하이브리드 기술 확립에 나서다

하이브리드 승용차에 대해서는 크게 앞서나가며 사용실적이나 시장 노하우 축적도 쌓여가는 일본 세력을 뒤쫓기 위한 개발이, 드디어 본격적으로 가동하기 시작했다. 그것도 다임러 클라이슬러와 GM이 손을 잡고 BMW도 참여하여 기술력, 자본력, 시장 점유율 등 모든 면에서 강대한 힘을 가진 「미국-독일 연합군」이 형성된 것이다. 2005년 1월에 D-C+GM 연합에 의한 하이브리드 동력 장치 개발 프로젝트가 발표되었지만, 그 시점에서 이미 기술 개념은 상당히 명확한 형태를 띠고 있었다. 수면 아래서 한 기업이 상세한 기술 구상

책정을 진행해 온 것을 엿볼 수 있다. 무엇보다 토요타 하이브리드 장치를, 일본에서 개발된 다른 하이브리드 동력기구도 포함해 철저하게 분석하고, 그 한계를 파악하였다. 그 다음으로는 자신들의 모델 라인을 살펴본 뒤 응용 폭을 가능한 한 넓게 하는 식의 사고과정이 드러났다.

더욱이 국제적인 승용차 시장 전체에 하이브리드 동력을 도입해 가려는 선상에서, 이론적인 접근을 생각하고 있다. 일본 세력은 모드연비의 첫 번째 주자(top runner)를 목표삼아 시장으로의 침투도 성공했지만, 원

래 연비 잠재력이 높은 차를 사용하고 있는 만큼, 연료 소비량 그 자체의 감소 폭은 사실 그다지 크지 않다. 상당히 긴 라이프 사이클을 상정한다고 해도, 초기 비용의 차이를 연료비용으로 메우는 것은 어렵다. 더구나 사회 전체로서의 연료소비량 감소도 그리 크지는 않다. 그것보다도 질량이 크고 연료소비가 과대한 제품 범주에 투입하는 편이 개인적, 사회적 효과는 크다. 그렇기 때문에 우선 대형 중량급 FR 배치에 대응하는 기술부터 세상에 내놓으려 하는 것이다. 그리고 지금 공개하고 있는 것은 「제1탄」일 것이다.

▶ 거대한 기업연합

2006년 4월, 미국 미시건 주 트로이에 개설된 "하이브리드 개발 센터"의 개소식에 모인 다임러 크라이슬러/하이브리드 동력전달계통 프로그램 책임자인 A.트라켄블로, GM/하이브리드 동력전달계통 책임자인 L.니츠, BMW/하이브리드 프로그램 담당부사장인 W.애플.

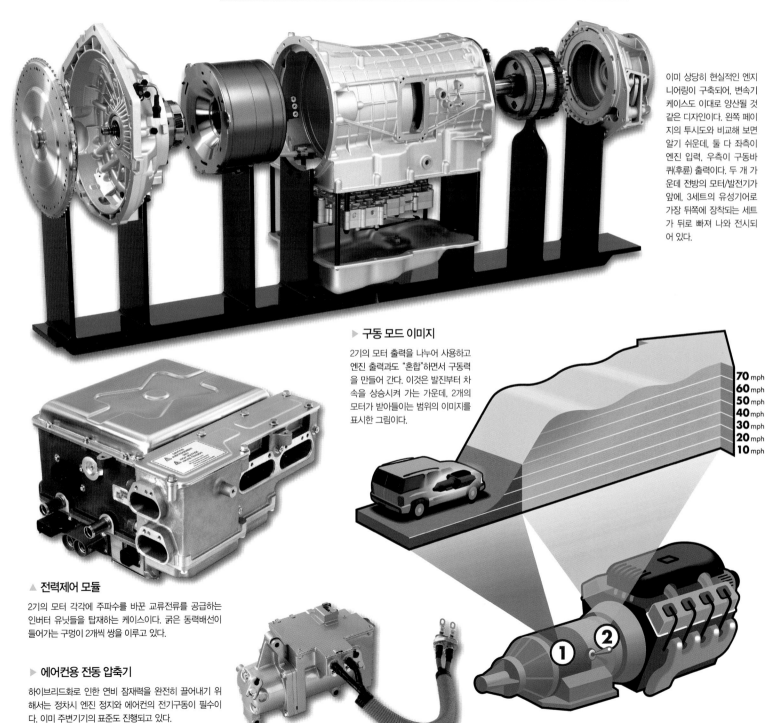

이미 상당히 현실적인 엔지니어링이 구축되어, 변속기 케이스도 이대로 양산될 것 같은 디자인이다. 왼쪽 페이지의 투시도와 비교해 보면 알기 쉬운데, 둘 다 좌측이 엔진 입력, 우측이 구동바퀴(후륜) 출력이다. 두 개 가운데 전방의 모터/발전기가 앞에, 3세트의 유성기어로 가장 뒤쪽에 장착되는 세트가 뒤로 빠져 나와 전시되어 있다.

▶ 구동 모드 이미지

2기의 모터 출력을 나누어 사용하고 엔진 출력과도 "혼합"하면서 구동력을 만들어 간다. 이것은 발진부터 차속을 상승시켜 가는 가운데, 2개의 모터가 받아들이는 범위의 이미지를 표시한 그림이다.

70 mph
60 mph
50 mph
40 mph
30 mph
20 mph
10 mph

▲ 전력제어 모듈

2기의 모터 각각에 주파수를 바꾼 교류전류를 공급하는 인버터 유닛들을 탑재하는 케이스이다. 굵은 동력배선이 들어가는 구멍이 2개씩 쌍을 이루고 있다.

▶ 에어컨용 전동 압축기

하이브리드화로 인한 연비 잠재력을 완전히 끌어내기 위해서는 정차시 엔진 정지와 에어컨의 전기구동이 필수이다. 이미 주변기기의 표준도 진행되고 있다.

Two-Mode Full Hybrd
GM-DCX Cooperation

2모터/발전기+3유성기어로 다중 모터 구동

여기까지는 토요타 방식과 같지만, 동력 전달 경로나 각 동력의 토크 균형의 폭을 상당히 확대할 것을 염두에 둔 구성이다.

▶ GMC Graphy Concept

이 2모터 · 2모드 하이브리드 장치의 탑재를 예상해 GM이 완전한 크기의 SUV 디자인을 연구하였다. 엔진은 가솔린 V8이며, 패키징으로 인하여 배터리는 뒷자리(2열 시트) 바로 밑의 짐칸 바닥에 탑재할 예정이다.

▶ 2모터+3유성기어 동력분할 · 혼합기구

앞(좌측 하단)에서 뒤로, 피니언 4개의 유성기어, 동기 모터, 유성기어, 동기 모터, 유성기어 순이다. 앞의 투시도와 비교해 보면 알 수 있듯이, 각 유성기어의 링 기어와 그 고정 클러치가 탈착된 상태이다.

▼ 응용편: 병렬(패럴렐) 하이브리드

메르세데스 벤츠가 동사(同社)의 FR 승용차에 탑재할 예정으로 발표한, 2모터 하이브리드 기구를 응용한 병렬(패럴렐) 하이브리드 장치이다. 유성기어에 의한 동력분할 · 혼합이 아니라 모터 사이에 클러치를 두고 앞쪽 모터는 발전에도 사용하고, 뒤쪽 모터만 구동 가능하게 한 배치이다.

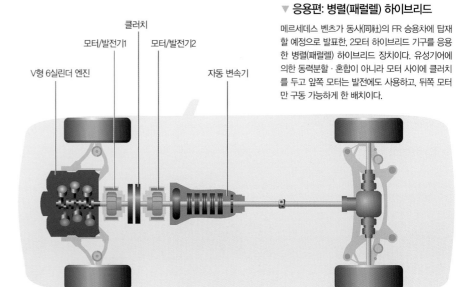

클러치

모터/발전기1　　모터/발전기2

V형 6실린더 엔진　　　　　　　　　자동 변속기

동력분할 · 혼합 기구와 기능을 정리하면……

3사 연합에 의한 강연 자료에서, 토요타형 단일 유성기어 동력분할로 시작해,
연합군의 2모터 · 3유성기어/2모드 하이브리드에 이르는 기구 변화의 해설을 소개한다.

▶ 단일 유성기어 / 1모드 방식

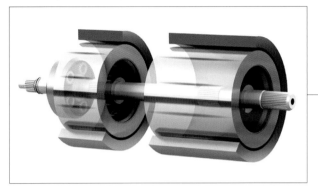

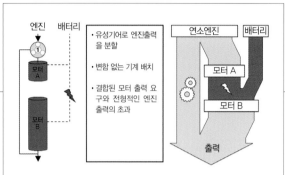

- 유성기어로 엔진출력을 분할
- 변함 없는 기계 배치
- 결합된 모터 출력 요구와 전형적인 엔진 출력의 초과

편의상, 동력분할 · 혼합기구가 앞쪽(그림 좌측)에 있지만, 이것은 프리우스로 시작되는 토요타형 결합식 하이브리드의 기본형이다. 동력은 기계적 경로와 전기적 경로로 「분할」되어, 엔진에 있어서는 전기적 CVT로서의 기능도 실현할 수 있지만, 2기 모터의 합계 출력이 엔진 출력과 동급 이상이어야 하는 것이 필요조건이다.

▶ 단일 유성기어 + 감속 유성기어 / 1모드 방식

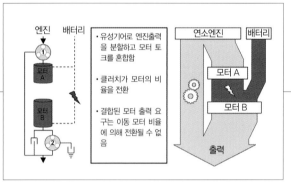

- 유성기어로 엔진출력을 분할하고 모터 토크를 혼합함
- 클러치가 모터의 비율을 전환
- 결합된 모터 출력 요구는 이동 모터 비율에 의해 전환될 수 없음

동력분할 · 혼합의 원리는 위와 같다. "1모드"에서 같은 제약이 있지만, 더 크고 무거운 출력이 필요할 때에, 적당한 크기의 모터로 대응하기 위해 모터B의 출력을 감속해 토크를 증대시켜, 전체 동력 폭과 균형을 이룬다는 구성이다. 감속용 유성기어에 변속기능을 갖게 하려는 것은, GS450h부터 도입된 THS-II · 2단 감속형식이다.

▶ 3유성기어 / 2모드 방식

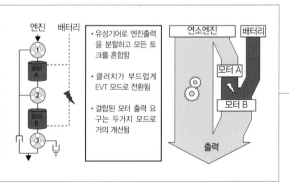

- 유성기어로 엔진출력을 분할하고 모든 토크를 혼합함
- 클러치가 부드럽게 EVT 모드로 전환됨
- 결합된 모터 출력 요구는 두가지 모드로 거의 개선됨

D-C+GM+BMW 그룹에 의한 2모드 하이브리드의 기본형. 2모터를 끼워 3세트의 유성기어를 배치하고, 각각의 링 기어를 결합한 후, 이 경로에 클러치도 장착한다. 이로써 엔진 출력을 직접 구동 측에 전달하는 토크 전달이 가능해져, 엔진 출력이 모터 2기의 출력을 능가하는 비율로도 토크 전달 전기부하에 의한 연속변속이 가능해진다.

▶ 3유성기어 / 2모드 방식 · 연속 가변변속 + 4단 고정 변속비율

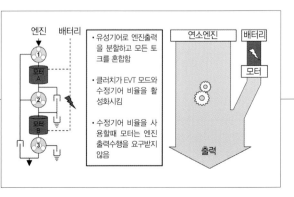

- 유성기어로 엔진출력을 분할하고 모든 토크를 혼합함
- 클러치가 EVT 모드와 수정기어 비율을 활성화시킴
- 수정기어 비율을 사용할때 모터는 엔진 출력수행을 요구받지 않음

위 구성에 추가해, 중앙의 유성기어를 축 일체, 또는 회전 정지시킬 수 있는 고정요소를 추가한다. 이것으로 중앙의 유성기어가 양쪽 모터를 결합한 상태가 만들어지고, 이것은 엔진 출력에 모터 토크를 직접 합류시키는 형태가 된다. 심지어 전기부하에 따른 연속가변 변속모드에 추가해, 가장 후단에서의 감속, 중앙단계 상태의 분리사용을 조합시켜, 유성기어 세트가 고정변속비로 회전하는 형태로 모두 4종류가 생긴다. 즉 4단 고정변속비율 변속기와 전기부하에 의한 연속 변속기 쪽으로의 변속이 가능한 구성이다.

디젤 하이브리드 - 모터 보조?

디젤의 하이브리드화는 에너지 효율 향상의 "답안"일까?

내연기관에 전기 동력을 조합한 하이브리드 장치는, 엔진의 약점을 커버하면서 감속시의 에너지 회수를 늘리고 아이들링 스톱(차량이 정지 후 일정 시간이 지나면 엔진작동이 멈추는 것: idling stop)을 추가해 실제 주행 연비가 향상된다.

그러면 열효율이 높은 디젤 엔진을 하이브리드화 하면 최고의 동력 장치가 되는가, 그렇다고는 단정할 수 없다……

글: 모로즈미 타케히코　　사진: Mercedes-Benz

◉ 메르세데스-벤츠(Mercedes-Benz)
다이렉트 하이브리드 및 블루텍(BlueTEC) 하이브리드

2005년 9월의 IAA(프랑크푸르트 모터쇼: International Automobile Ausstellung)에 출품된 2 형식의 디젤 하이브리드 탑재 S클래스. 모터 보조(어시스트) 메커니즘은 동일하며, 한 쪽은 애드블루(AdBlue)에 따른 요소 SCR(Selective Catalytic Reduction)도 조합시킨다는 이미지 전략이다.

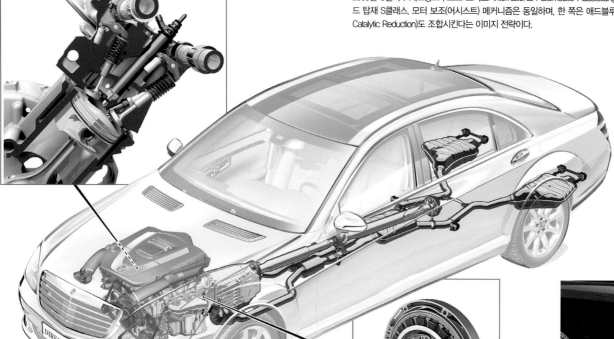

▶ 다이렉트 하이브리드

메르세데스 벤츠는 「직접적 하이브리드」로 불리는데, 구성을 나타내는 왼쪽 그림에서도 엔진 출력부분에 박형 모터를 장착했을 뿐의 간단한 모터 보조(어시스트) 방식이다. 축전량도 좀 적게 해서 중량 증가를 가능한 한 줄이고, 중장거리 이동보다는 시내 중심으로 사용하려는 사용자를 목표로 삼으려 한 것이다.

계기판에는 기본형인 에너지 흐름 표시를 추가하였으며, 디젤 엔진을 하이브리드화해 연비 향상이 확실하게 나타나는 것은 감속시의 회생 때문이다. 디젤 엔진은 액셀러레이터 OFF에서도 흡입통로를 닫지 않기 때문에 펌핑 손실도 적다.

현실적인 디젤 하이브리드는 모터 보조(어시스트). 그것도 사용하기 나름

「디젤 엔진은 열효율이 높다」, 「전기 동력을 조합하면 특정 상황에서 연비가 개선된다」. 각각의 원칙을 알면 「디젤+하이브리드가 연비 추구의 궁극적 지향인가?」라고 여기기 쉽다. 그러나……

우선 디젤 엔진의 연비 이점이 나타나는 전형적인 상황 한 가지는 중고속 운행이다. 여기에 전기 동력에 의한 하이브리드 장치를 탑재하면, 당연히 중량이 늘

어나고, 디젤 엔진이 가장 강점인 영역에서 연비의 발목을 잡아당긴다. 가솔린 엔진은 저부하 영역에서 효율 저하가 크다. 스로틀을 조이기 되어 펌핑 손실이 늘어나기 때문이다. 그래서 전기 동력에 의한 부하설정 이점이 나오는 것이지만, 디젤 엔진은 원래 이러한 연비율 저하가 없다. 원래 비용이 비싸고 중량도 커서, 큰 디젤 엔진을 하이브리드화로 하여 더 많은 비용을 들

게 할 만한 가치가 있을까?

결국 디젤 엔진에 전기 동력을 조합하는데 따른 확실한 연비 개선 가능성은, 가속 및 감속을 어느 정도의 빈도로 되풀이 하는 가운데에서의 회생 브레이크로 좁혀져 온다. 그렇게 되면 간단한 모터 보조(어시스트)로 충분하지 않을까. 각종 제안 사례를 보면, 유럽의 제작사는 이런 결론에 도달하고 있는 것 같다.

⊙ 푸조-시트로엔 하이브리드(Peugeot-Citroen Hybride) HDi

사진: PSA

▶ 파워 패키지

1600cc 디젤 터보 엔진과 RMT[로보타이즈드 (자동조작) 수동 변속기: Robotized Manual Transmission] 사이에 박형 모터를 장착한다. 발진정지와 변속을 위한 클러치도 그대로 사용한다. 또한 엔진 구동발전기를 작동시키 는데에도 사용한다. 이 구성으로 아이 들링 스톱(idling stop), 모터에 의한 발진부터 주행, 독립적으로 엔진 시 동 등의 기능을 갖는 본격적 하이브 리드 장치로 되어 있다.

1. 1,650cc 디젤 터보 엔진(66kW)
2. DPF
3. 발전, 시동용 모터 / 발전기(16kW)
4. 구동, 회생용 모터 / 발전기(16kW)
5. 로보타이즈드(자동조작) 6단 수동변속기
6. 전력제어 유닛
7. 저전압(12V) 배터리
8. 동력전달계통(파워트레인) 제어 유닛
9. 고압 케이블
10. 건식 단판 클러치

▲ 배터리 팩

푸조–시트로엔 그룹(PSA)도 2006년 초두에 최신 디 젤 엔진과 모터 보조(어시스트)를 조합한 동력 장치 를 307과 C4에 탑재한 시범차를 공개했다. 2010년 초에는 시판 가능한 기술 수준에 도달했지만, 그렇지 않아도 비용이 늘어나는 직접 분사 디젤 터보 + 배기 처리 장치에, 더 큰 폭으로 비용이 증가하는 하이브 리드 장치를 추가해서 시장에서 받아들여질 수 있는 지가 의문시 되고 있다.

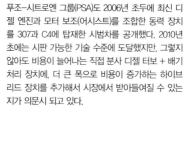

「ZEV(무공해 자동차: Zero Emission Vehicle)」에서는 엔진 정지/전기 모터 주행모드도 선택할 수 있다. 최 대 16kW이기 때문에, 혼잡한 시내나 주택가를 움직이 는 정도의 속도가 한계이다.

▶ 플랫폼

307과 C4는 언더 플로어(under floor)를 포함한 플랫폼은 거의 공통적이고, 이 그림의 하이브리드 기기 배치 역시 양 쪽 모두 공통적이다. 트렁크 룸 좌우 사이드 멤버 사이의 요면(凹面)부분(스페어 휠 수납공간)에 니켈–수소 배터리 (288V)가 2분할의 각형 패키지로 들어가 있다.

1. 1,600cc 디젤 터보 엔진(66kW)
2. DPF
3. 발전, 시동용 모터/발전기
4. 구동, 회생용 모터/발전기(16kW)
5. 로보타이즈드(자동조작) 6단 수동변속기
6. 전력제어 유닛
7. 저전압(12V) 배터리
8. 동력전달계통(파워트레인) 제어 유닛
9. 고압 케이블
10. Ni–MH 배터리(288V)

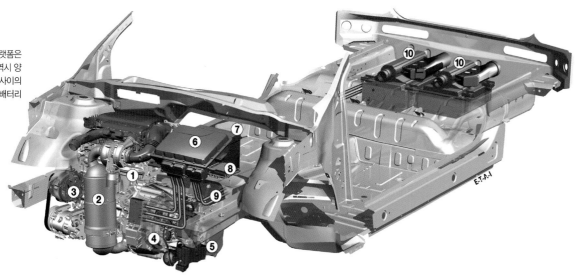

07 「작업차」와 하이브리드

상용차 세계에도 하이브리드화의 파도가 밀어닥친 것은, 의외로 알려지지 않은 것이 사실이다. 게다가 이 분야의 하이브리드화는 승용차보다도 사회적 의의가 크다고 해도 과언이 아니다.

글: 마쯔다 유지 · 사진: DAIHATSU / 미쯔비시 후소트럭 · 버스 / 히노자동차 / GM

◉ 일본식 「경상용차」의 경우 ~ 다이하츠 · 하이젯카고 · 하이브리드 ~ 모터 보조

구동용 배터리 / 파워 컨트롤 유닛
엔진 / 모터 / 변속기

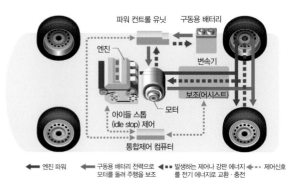

파워 컨트롤 유닛 / 구동용 배터리
엔진 / 변속기 / 보조(어시스트) / 모터
아이들 스톱(idle stop) 제어 / 통합제어 컴퓨터

← 엔진 파워　← 구동용 배터리 전력으로 모터를 돌려 주행을 보조　← 발생하는 제어나 강판 에너지를 전기 에너지로 교환 · 충전　⋯ 제어신호

엔진과 변속기 사이에 전기 모터를 끼워 넣은 구성의, "넓은 의미"의 병렬(패럴렐) 방식. 2000년경부터 이 스타일에 관심을 가졌다고 한다. 발진시는 엔진만, 감속이나 강판 시 등의 엔진 브레이크 상태에서는 회생을 하고, 정차 시에는 복수의 조건으로 판단해 아이들 스톱(idle stop)을 한다.

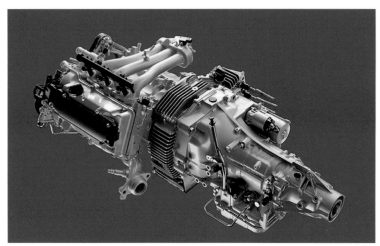

계기 우측 아래에는, 모터의 보조 상태(사진상)를 알려주는 램프 모니터를 갖추고 있다. 발진시 외에는 되도록 보조하지 않고, 회생 기회를 늘려주면 자연히 연비향상으로 연결되는 것이다. 좌측 아래의 네모난 부분에는 아이들 스톱 표시 등이 나타난다.

세로배치의 직렬3실린더 엔진 바로 뒤에 있는 모터, 그 뒤로 변속기를 배치한다. 조금이라도 비용을 낮추기 위해, 장치 구성 부품은 토요타 에스티마(Estima) 하이브리드용 제품을 유용하며, 모터는 전륜용 내용물만 사용하고, 배터리도 케이스를 가공함으로써 탑재 가능하게 했다.

◀ 경형의 밴 사용자야말로, EHV을 갈망하는 경향이 강했다

개발책임자인 다이하츠 공업㈜ E · HV 개발부장 키타무라 야스이치씨는, 70년대 초반부터 EV 개발을 계속해 왔던 기술자이다. 이 차의 개발과 시판에 이른 계기는 EV 사용자였던 지방자치단체 등의 조사 결과, 경형 밴의 하이브리드화를 갈망하는 목소리가 예상 외로 많았기 때문이라고 한다. 「경형 밴은 대개 짐을 실은 상태에서 발진과 정지를 되풀이하는 주행 패턴이 많고, 또한 액셀러레이터 열림 각(개도)도 커지는 경향이 많기 때문에, 연비가 악화되기 쉽습니다. 그래서 그 개선책으로써 요청이 많았던 겁니다(키타무라)」

이 차의 개발 주제는, 오로지 연비 향상과 비용 절감이었다. 시승 소감은 「어쨌든 기회만 있으면 조금이라도 회생하려고」하는데 필사적인 인상이었다. 상용뿐만 아니라 경차의 전반적 약점을 보완하는 「현실적인 답」이다.

상용차로의 하이브리드 도입은 발진 · 정지가 많은 사용 환경에서의 "회생"이 관건이고, 문제는 비용

이전에는 단순히 "버려져만 있던" 제동 시에 발생하는 열에너지를 「회생」에 의해 회수해 운동 에너지로 재변환시킨다. 이것이 하이브리드 차의 진가 중 하나이다. 그리고 또 하나는, 출력특성이 다른 엔진과 전기 모터를 「상호보완」시키는 것이다.

예를 들어 디젤 엔진이라도 내연기관 특성상, 토크는 그다지 크지 않다. 그에 반해 전기 모터는 일반적으로 초저회전영역부터 큰 토크를 발생시키는 특성을 갖고 있다. 발진시, 급가속, 고부하시 등 큰 토크가 필요한 상황에서는 모터로 보조하고, 정상영역이 되면 엔진으로만 주행한다. 이와 같이 양쪽 특성의 "장점"을 살림으로써, 고연비나 낮은 배기가스 배출 외에 운전성능의 향상에도 이바지하는 것이 하이브리드의 이점이다.

특히 경차를 포함한 소형 상용차의 경우, 소형화물 배송 등에 이용하는 일이 많아 발진 · 정지를 되풀이하게 된다. 그런 의미에서, 사회적으로도 큰 의의가 있다.

다만 문제는 비용인데, 장치 개발과 탑재를 위한 비용=판매가 상승면에서, 사용자가 감가상각이 가능하다고 판단할 지 여부가 최대의 문제일지도 모른다.

◉ 대형 상용차의 하이브리드 도입 ~ "버스"부터

● 축압식 하이브리드 - 초기 시도

▶ 미쯔비시 후소 MBECS

차동장치의 차축을 유압 펌프까지 연장시켜 접속하고, 제동 시에 축압시킨다. 발진시에는 그 압력으로 축압기를 구동해 엔진 출력을 보조한다. 중량과 크기 면에서 낮게 만들지 못하는 것이 약점이다.

▶ 납(鉛)배터리. EV의 실패에서 고안된 장치

미쯔비시 후소(Mitsubishi Fuso)가 최초로 만든 것은, 특수주문으로 청부받은 노선버스용의 완전한 EV였다. 그러나 「납(鉛) 배터리가 너무 무거워 실패.(현재 HV 버스를 담당하는 스스키 유타),라는 낙인이 찍히게 된다.
이것을 대체하는 저공해차를 개발할 필요성에서 고안된 것이, 1992년 8월에 발표된, 「축압식 HV,장치인 MBECS(Mitsubishi Brake Energy Conservation System)이다. 축압식 HV 장치를 구성하는 주요 장치는, 유압 펌프 모터와 축압기이다. 제동 시에 유압 펌프 모터에 의해 유압을 축적하고, 발전 시에 그 압을 사용해 축압기를 작동하고 구동력을 보조하는 구조이다. 그 뒤로도 개량을 거듭하여 「Ⅲ,까지 진화했다. 현재, 미쯔비시 후소의 버스에는 직렬(시리즈) 방식이 채택되고 있다.

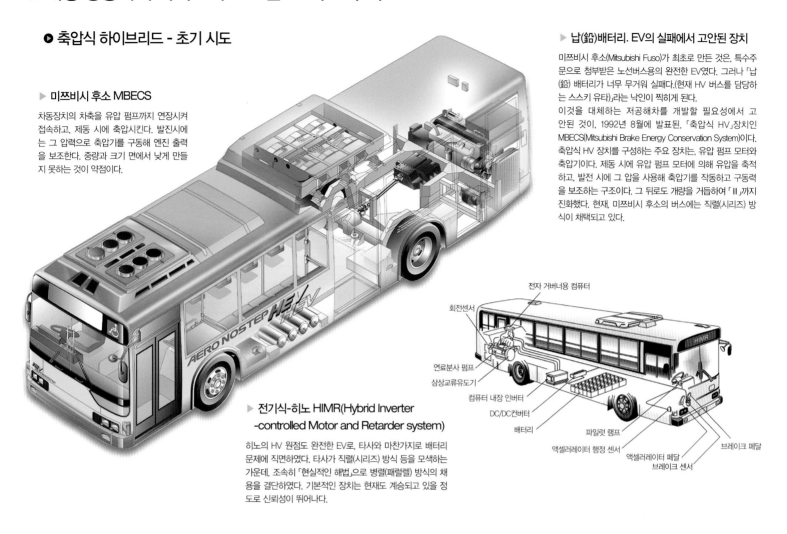

▶ 전기식-히노 HIMR(Hybrid Inverter -controlled Motor and Retarder system)

히노의 HV 원점도 완전한 EV로, 타사와 마찬가지로 배터리 문제에 직면하였다. 타사가 직렬(시리즈) 방식 등을 모색하는 가운데, 조속히 「현실적인 해법,으로 병렬(패럴렐) 방식의 채용을 결단하였다. 기본적인 장치는 현재도 계승되고 있을 정도로 신뢰성이 뛰어나다.

전자 거버너용 컴퓨터
회전센서
연료분사 펌프
삼상교류유도기
컴퓨터 내장 인버터
DC/DC컨버터
배터리
파일럿 램프
액셀러레이터 행정 센서
액셀러레이터 페달
브레이크 센서
브레이크 페달

◉ GM/병렬(패럴렐) 하이브리드의 실용화

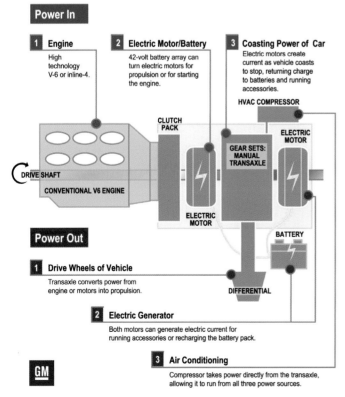

Power In

1 Engine
High technology V-6 or inline-4.

2 Electric Motor/Battery
42-volt battery array can turn electric motors for propulsion or for starting the engine.

3 Coasting Power of Car
Electric motors create current as vehicle coasts to stop, returning charge to batteries and running accessories.

HVAC COMPRESSOR

CLUTCH PACK

ELECTRIC MOTOR

GEAR SETS: MANUAL TRANSAXLE

DRIVE SHAFT

CONVENTIONAL V6 ENGINE

ELECTRIC MOTOR

BATTERY

Power Out

1 Drive Wheels of Vehicle
Transaxle converts power from engine or motors into propulsion.

DIFFERENTIAL

2 Electric Generator
Both motors can generate electric current for running accessories or recharging the battery pack.

3 Air Conditioning
Compressor takes power directly from the transaxle, allowing it to run from all three power sources.

GM

▶ 1엔진 + 2모터의 병렬(패럴렐) 구성

「ParadiGM 하이브리드 장치,는 좌측에 오프셋 탑재된 가로배치 V형 6실린더 엔진→클러치→모터(이것은 우측에도 탑재)→변속기로 구성된다. 출력은 변속기 내부에서 전달방향으로 변환해 차동장치→구동바퀴로 전달된다.
제동 시에는 모터를 사용해 회생을 하고, 전력을 42V 배터리에 충전한다. 발진시에는 그 전력으로 모터를 회전시켜 구동력을 보조하고, 정상 주행상태가 되면 모터는 정지하고 회생 기회에 대비한다.

▲ ParadiGM 하이브리드 장치의 제조현장. 클러치나 변속기 등, 이전의 제품에 약간의 변경을 주는 것만으로 사용할 수 있는 장치가 많은 것 같다. 오른쪽에 보이는 것이 변속기이며, 왼쪽이 모터인데, 의외로 콤팩트한 인상이다.

▶ 요세미테(Yosemite) 국립공원 내를 주행하는 셔틀 버스에 이 장치가 사용되고 있다. EV가 아니라 HV를 채용한 것은 항속거리 등의 문제로 여겨진다. 너무 넓은 장소이기 때문일까……

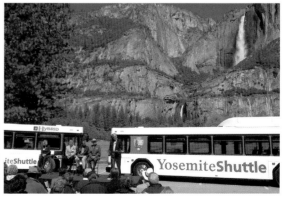

◉ 단거리 수송용 트럭의 하이브리드화 ~ 에너지 효율향상을 지향. 보급은 가능한가?

● 닛산 디젤 콘도르(Condor) 커패시터(capacitor) 하이브리드

▶ 「커패시터」를 축전기에 사용하는 유일한 시판차량

현재 거의 모든 HV가 회생으로 얻은 에너지를 배터리에 보존하는 가운데, 유일하게 축전용 장치로 「커패시터」를 사용하는 것이 닛산 디젤이다.

요컨대 「커패시터」라는 것은, 일본에서는 일반적으로 「콘덴서」라고 불리는 것으로, 통전 상태 하에서만 축전가능한 장치이다. 배터리 같은 전력 보존 장치가 아니라, 회로 상의 EMC 대책이나 평활화(平滑化: smoothing), 전력공급의 안정화라는 측면에서 사용되는 경우가 많다.

특성으로는, 배터리에 비해 전력의 「입력」이 아주 양호하다. 그 때문에 회생으로 얻어진 전력을 효율적으로 축적하고, 바로 사용하는 것을 반복할 수 있다. 바로 이런 용도에 맞춰진 장치라고 할 수 있다.

▶ 발진(모터)

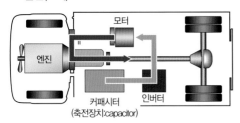

발진 시에는, 커패시터 내에 축적되어 있는 전력을 사용해 모터를 회전시켜 기본적으로 구동력을 얻는다. 동력원으로서의 토크 특성적으로도, 이치에 맞는 구성이다. 현행 모델의 모터는 출력 55kW를 탑재하며, 커패시터 용량은 60kW 정도다.

▶ 가속(엔진+모터)

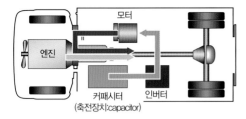

모터와 엔진이 협조하면서 출력을 조정. 필요로 하는 가속도에 맞춰서 서로 효율이 좋은 영역을 나누어 사용하는 방식이다. 제어 계통의 우수함이 시도되는 측면이다. 커패시터 자체의 특징으로, 그 자체에 지능 제어가 불필요한 점이 이점이라고 할까.

▶ 감속(회생)

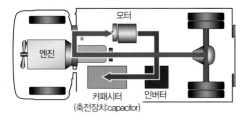

감속 시에는, 모터의 회생력을 완전히 활용해 커패시터로 최대한의 전력을 보낸다. 배터리에 비해 「입력이 쉬운」 특징을 갖는 커패시터(축전장치:capacitor)인 만큼, 가감속이 연속되는 주행 모드에서는 연비효율 향상이 기대되는 측면이라고 할 수 있다.

▶ 커패시터(축전장치:capacitor)

중앙부에 밴드로 고정되어 있는 이중구조의 물체가 자사에서 개발한 「슈퍼 파워 커패시터」. 전기이중층 구조로, 라미네이트(2개 이상의 층이 결합된 금속체: laminate) 셀을 사용하고 있다는 점이 특징이다. 크기는 가로 100cm x 세로 50cm 정도이며, 바로 뒤에 있는 하얀 상자는 인버터 유닛이다.

▶ 모터 구동계통

장치 구성은 「1모터 병렬(패럴렐)」방식이다. 각각에 클러치를 갖는 구조로, 발진시에는 모터의 힘으로만 구동한다. 그만큼 커패시터(축전장치:capacitor)의 「순발력」이 뛰어나다는 증거라고 말할 수 있을 것이다.

대형 버스 · 트럭은 하이브리드화 한다? 하지 않는다?

중 · 소형 트럭의 하이브리드화 흐름은, 대형=장거리용 트럭에도 파급될 것인가? 대형 트럭의 경우, 중 · 소형 트럭과는 기본적으로 주행 모드가 다르다. 고속도로를 일정 범위내의 속도로 운행하는 시간이 길기 때문에, 발진/정지를 반복할 때의 에너지 회수 장점이 그다지 크지 않다. 정상 운전 상태에서는 그다지 회생 기회 자체도 많지 않을 것이다.

완전한 적재 상태의 등판과 같은 고부하 상태 등, 하이브리드화에 따른 장점을 살릴 수 있는 경우도 있다. 하지만 그보다는 하이브리드 탑재에 따른 중량의 증가, 장치의 복잡화에 따른 신뢰성 · 내구성 불안, 정비의 횟수 및 그에 따른 비용 상승이라는 단점이 따라다닌다는 걱정이 「사용자의 심리」가 아닐까.

「대형버스 · 트럭은 원래 열효율이 좋은 디젤 엔진을 탑재하고 있기 때문에, 변속기의 다단화, 전달효율의 향상 등으로, 효율이 좋은 회전영역을 지키면서 주행하는 편이 효율이 높다」라고 결론짓는 제작사가 있는 반면에, 「앞으로는 배기가스 배출 대책 등으로 대형버스 · 트럭도 소배기량화로 가는 것은 필연이다. 순발력 유지 등을 위해 하이브리드화될 것」이라고 보는 제작사도 있다. 과연 어느 쪽으로 흘러갈까?

◉ 미쯔비시 후소 캔터(Mitsubishi Fuso Canter) 에코 하이브리드

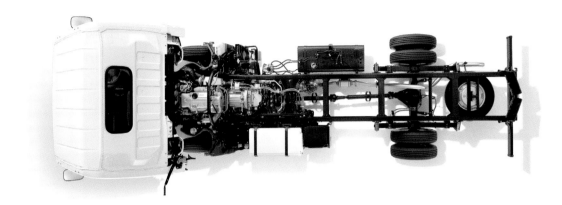

노출된 섀시(베어 섀시: Bare Chassis)의 평면 보기(Plan View). 가장(架裝) 자유도(예를 들면 쓰레기 수집차량의 유압기구 탑재 위치)를 확보하기 위해, 뒤쪽 액슬부터 뒤로 HV용 장치는 일절 탑재하지 않는 제약 때문에 고안된 패키징이다. 공랭식 배터리와 수랭식 모터가 특징이다.

장치의 배치에는, 가장 자유도를 확보하기 위해 높이 제한도 요구되었다. 기본적으로 메인 프레임보다 위에 HV용장치가 돌출하지 않도록 배치되어 있다.

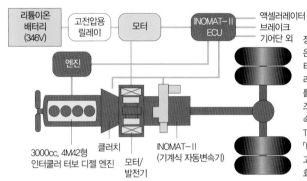

장치 구성의 최대 특징은, 변속기에 토크 컨버터 자동변속기가 아니라, 싱크로 수동변속기를 기초로 한 로보타이즈드[(자동조작) 수동 변속기: Robotized Manual Transmission] 변속「INOMAT-Ⅱ」를 채택하고 있다는 점이며, 전달 효율 향상이 목적이다.

3000cc, 4M42형 인터쿨러 터보 디젤 엔진
클러치
모터/발전기
INOMAT-Ⅱ (기계식 자동변속기)

리튬이온 배터리 (346V)
고전압용 릴레이
모터
INOMAT-Ⅱ ECU
엔진
액셀러레이터
브레이크
기어단 외

구동용 모터는 최대출력 35kW(200Nm)이며, 두께 110mm로 콤팩트한 설계의 영구자석식이다. 안정적인 구동을 위해 수랭식을 사용하는 것도 특징이다.

▶ 「효율」을 추구해 철저하게 파고든 설계

어쨌든 「효율」추구를 위해, 모터는 PTO(동력인출장치: Power Take-Off)와 같은 110mm의 두께까지 이르렀다. 또한 굳이 비용이 늘어나는 수랭식으로 하여, 토크 컨버터형식 자동변속기가 아니라 싱크로형식 수동변속기를 기초로 한 로보타이즈드[(자동조작) 수동 변속기: Robotized Manual Transmission] 변속 기구까지 탑재하려는, 철저히 계산된 설계로 만들어졌다. 발진시부터 30km/h 정도까지는 모터로만 구동하고, 통상 주행상태에서는 모터 저항을 경감하기 위한 메커니즘, 세밀한 제어 로직 등, 「첨단 기술」이 집약된 차량이다.

◉ 히노 듀트로(Dutro) 하이브리드

▶ 평면 보기

HV용 장치는, 역시 가장 자유도를 고려해 가능한 한 차동장치 기어보다 앞쪽에 집중해 배치하였다. 즉 배터리는 니켈수소 계열로, 전 모델에서는 초대 프리우스(Prius)용을, 현재 모델에서는 렉서스 450h용을 그대로 사용해 비용 절감을 계획하고 있다.

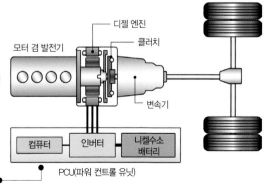

모터 겸 발전기
디젤 엔진
클러치
변속기
컴퓨터
인버터
니켈수소 배터리
PCU(파워 컨트롤 유닛)

엔진과 모터 출력은 클러치를 매개로 배분되는, 소위 말하는 병렬(패럴렐) 방식의 기본적인 구조이다.

08 「프리우스 전용」으로부터의 결별
하이브리드 장치는 제3세대로 진화

2세대와 같은 「THS-II」를 계승하지만, 구성품의 90% 이상을 새롭게 바꿔 실질적으로는 신세대.
대폭적인 소형·경량·저비용을 실현한 신 하이브리드 장치는, 프리우스 전용이 아니라 타 모델로 전개된다.
철저하게 효율향상을 추구한 것은, 초대나 2세대와는 생산 규모가 다르기 때문이다.

글: 세라 코타 · 사진: TOYOTA

토요타 하이브리드 장치의 머리글자를 딴 THS. 그 제2세대를 나타내는 THSII의 명칭을 이어받고 있지만, 실제로는 새로운 설계이다. 하이브리드 차량의 라인업이 프리우스 밖에 없었을 무렵에는, 프리우스의 진화에 발맞춰 「I」에서 「II」로 진화시키면 됐다. 물론 I과 II 사이에는 승압 컨버터의 유무라는 결정적인 차이가 있기 때문에, 숫자가 늘어나도 이상하지는 않다.

2세대 프리우스가 탑재한 하이브리드 장치와 3세대의 그것을 비교하면, 고팽창비 사이클을 적용한 엔진에 발전용과 구동용 2개의 모터를 조합시켜, 유성기어를 이용한 동력분할기구로 패키지한 기본구성과 차이

가 없다. 하지만, PCU(Power Control Unit : 인버터+승압컨버터+DC-DC컨버터)와 트랜스액슬(모터×2+동력분할기구)의 크기는 압도적으로 작아졌고, 중량도 가벼우며 고효율로 되어 있다.

무엇보다 THS I이나 THS II와 달리, 이 하이브리드 장치는 프리우스 전용 설계가 아니다. 2세대 프리우스까지는 하이브리드 장치에 맞추어 차체를 설계했지만, 그 다음에는 그렇게 하지 않은 것이다.

THS II로 부르긴 하지만 사실 새로운 장치는, 다른 모델에도 적용 가능한 범용성을 갖춘 설계인 것이다. 소형·경량화 그리고 낮은 비용으로의 접근은 그 때

문이기도 하다. 「III」로 명명하지 않은 것은, 다른 모델이 변함없이 탑재하는 「II」가 갑자기 진부하게 취급되는 것을 피하기 위해서일 것이다.

한편, 새로운 하이브리드 장치는 압도적인 모드의 연비를 실험하는 동시에, 실용연비 향상에도 철저히 파고들었다. 대표적인 예가, 고속 실용연비와 동계 시내주행 연비이다.

고속 실용연비는 주로 유럽의 요청에 의한 것으로, 그것을 위해 배기량을 300cc 증가시켰다. 동계 시내주행 연비는 북미 사용자의 불만에 대응하기 위한 것으로, 배기열 회수장치를 사용함으로써 해결했다.

● 가로로 전개되는 제3세대 하이브리드 장치

차체에 맞게 조합하는 엔진이나 모터를 바꾸면, 더 많은 차종에 적용할 수 있다. 새로운 하이브리드 장치는 처음부터 가로 전개를 염두에 두고 개발되었다. 콤팩트한 설계를 만들어 두면, 큰 엔진과도 조합하기 쉽다.

Toyota Prius

Lexus HS250

신형 파생 모델

▶ **지역별 모드 연비**

	신형 프리우스	초기 프리우스
일본	38km/ℓ	35.5km/ℓ
미국	50mpg	46mpg
유럽	89g/km	104g/km

모드 연비는 일본, 미국, 유럽에서 각각 2세대 프리우스(Prius)와 비교했을 때 7~14%의 향상을 나타냈다. 연비향상을 실현하기 위해 공력성능 향상, 경량화 추구, 소비전력 절감 등에 전념했다.

모드 연비향상에 공헌한 기술 내역

- 기타(공력 등) 6%
- 회생 14%
- 엔진 22%
- 하이브리드 제어 23%
- 트랜스액슬 5%
- 전기 계통 14%
- 보조기구계통 23%

일본의 10·15모드에서의 에너지 효율개선 내역이다. 엔진/트랜스액슬/하이브리드 제어/회생의 동력전달계통에서 60%에 달해, 크게 진화했음을 알 수 있다. 공력은 6%를 점하는 「기타」에 포함되어 있는데, 연비 때문이다. 고속주행 특히 유럽에서의 실용영역에서 특히 기여도가 높아진다.

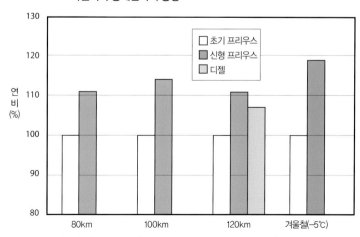

▶ **고속연비와 동계연비의 향상**

범례:
- 초기 프리우스
- 신형 프리우스
- 디젤

연비(%) 세로축: 80, 90, 100, 110, 120, 130
가로축: 80km, 100km, 120km, 겨울철(-5℃)

고속 실용연비 향상을 지향했을 때의 벤치마크는, 유럽 디젤 엔진 차량(MT, C세그먼트로 추정). 3세대 프리우스는 120km/h 정상주행에서 19.2km/ℓ 를 달성해, 가상 라이벌을 능가한다. 디젤 엔진 차량에 대해서는 용적연비[km/ℓ]가 상회할 뿐만 아니라, CO_2배출량[g/km]도 밑돈다.

엔진

2세대 프리우스와 비교해 배기량을 300cc 높여 1,800cc로 확대하였으며, 고팽창비 사이클을 계승하면서, 전동 물펌프나 냉각식 (Cooled) EGR의 사용으로, 효율을 높이고 있다. 추운 지역의 시내 실용연비를 향상시키기 위해, 배기열 회수장치를 사용한다.

전동 물펌프

모터 발전기1

09

철저한 실용연비 향상을 목적으로 장치의 고효율화와 소형 · 경량화를 지향한다

고팽창비 사이클 엔진에 발전용과 구동용 2개의 모터를 조합시켜, 유성기어를 이용해 동력의 분할과 혼합을 하는 시리즈 병렬(패럴렐) 하이브리드 구조에 변경은 없다. 파워 컨트롤 유닛(PCU)과 트랜스액슬은 구성과 구조를 개선함으로써 고효율, 소형, 경량화를 이루고 있다.

글: 세라 코타 · 사진: TOYOTA

36%의 경량화와 37%의 소형화를 달성한 PCU는, 12V 배터리 수준의 크기까지 작아졌다. 프리우스(Prius)를 위한 소형, 경량, 고성능화가 아니라 폭넓게 타 차종으로 전개하기 위한 개발에 착수했다.

PCU

인버터의 주요 구성품인 IGBT(Insulated Gate bipolar Transistor: 스위칭 소자)의 냉각방법으로, 직접 냉각구조를 채택하였으며, 이에 따른 방열판 제거와 고전압화로 정격 전류를 낮춰 칩을 소형화함으로써 대폭적인 소형, 경량화를 이루게 되었다.

트랜스액슬

고회전화와 구동전류의 증가(500V→650V)로, 주로 구동용으로 사용하는 MG2(모터 발전기2)를 소형화하고, 모터 감속 기어를 새롭게 채택해 토크를 증폭시킨다. 트랜스액슬에서도 20kg의 경량화를 실현하고 있다.

▶ 신구 파워 유닛 사양

		3세대 프리우스	2세대 프리우스
엔진	배기량	1.8 ℓ	1.5 ℓ
	최고출력	73kW	57kW
	최대토크	142Nm	115Nm
모터	최고출력	60kW	50kW
	최대토크	207Nm	400Nm
	최고회전수	13900rpm	6400rpm
	최고전압	650V	500V
	감속 기어비	2.636	
배터리	형식	니켈수소	니켈수소
	최고출력	27kW	25kW
장치	최고출력	100kW	82kW

모터 발전기2

동력분할기구

2세대 프리우스의 파워 유닛 패키지. 초대 프리우스에 비해서는, 승압 컨버터를 사용한 것이 가장 흥미로운 부분이다. MG1의 최고 회전수는 최대 초기형식이 2,000rpm이며, 2000년에 개량형으로 5,600rpm으로 낸 후 2세대에서 10,000rpm에 도달하고 있다.

10

장치 작동(SYSTEM OPERATION)

장치 구성 · 제어는 계승
효율상승을 극한까지 추구

하이브리드 장치를 구성하는 구성품의 종류와 그 배치에 큰 변경은 없다.
다만, 각 구성품은 각각 철저한 고효율, 소형, 경량화가 이루어져 기술적으로는 새로운 경지에 다다르고 있다.

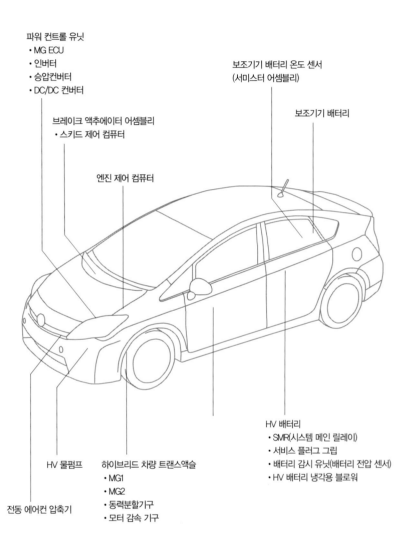

파워 컨트롤 유닛
• MG ECU
• 인버터
• 승압컨버터
• DC/DC 컨버터

브레이크 액추에이터 어셈블리
• 스키드 제어 컴퓨터

엔진 제어 컴퓨터

보조기기 배터리 온도 센서
(서미스터 어셈블리)

보조기기 배터리

HV 물펌프

하이브리드 차량 트랜스액슬
• MG1
• MG2
• 동력분할기구
• 모터 감속 기구

전동 에어컨 압축기

HV 배터리
• SMR(시스템 메인 릴레이)
• 서비스 플러그 그립
• 배터리 감시 유닛(배터리 전압 센서)
• HV 배터리 냉각용 블로워

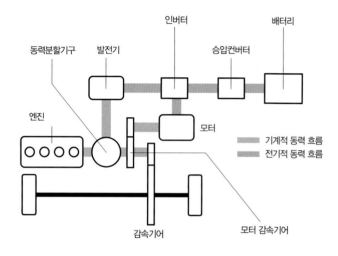

동력분할기구 발전기 인버터 승압컨버터 배터리

엔진 모터

기계적 동력 흐름
전기적 동력 흐름

감속기어 모터 감속기어

▶ 3세대 프리우스 하이브리드 장치의 특징

1. 2모터식
2. 고출력 니켈수소 배터리
3. 동력분할기구
4. 승압컨버터(650V)
5. 1800cc 고팽창비 사이클+냉각식 EGR
6. 열 관리 장치
7. 고회전 모터 + 감속 기어

왼쪽에 정리한 특징 가운데, 1에서 4까지는 2세대 프리우스 하이브리드 장치가 갖고 있던 내용과 공통(승압전압 숫자는 다름)이며, 5에서 7까지가 새롭게 추가된 내용이다. 소형, 고효율화와 실용연비 향상에 힘썼다.

2세대 프리우스는 「하이브리드 차량」에 어울리는 양호한 연비가 인기를 끌었다. 하지만 카탈로그 상의 연비와 실용연비의 격차에 불만을 토로하는 목소리가 있었던 것도 사실이다.

특히 고속운행속도가 높은 유럽에서 현저했다. 「디젤엔진보다 연비가 나쁘지 않을까」라고 여겨졌다. 3세대 프리우스의 개발에 있어서는 카탈로그 수치(모드연비)에서 변함없이 그 등급을 이끌고 가는 점을 뽐내면서 실용연비에서도 사용자를 크게 만족시키도록 힘썼다. 고속 실용연비는 그 일례로, 300cc의 배기량 증가는 이를 위해서다. 겨울철 시내 주행의 실용연비 향상

에 대해서는 배기열 회수장치를 장착하는 것으로 해결했다. 지금까지 프리우스에 탑재한 하이브리드 장치는 프리우스 전용이었지만, 3세대 프리우스 장치는 타 차종에도 폭넓게 공용화하려는 목적을 의도하고 있다. 고효율, 소형, 경량화에 애쓴 것은 그 때문이다.

고팽창비 사이클 엔진에 발전용과 구동용 2개의 모터를 조합시켜, 유성기어를 이용해 동력의 분할과 혼합을 실행하는 직렬(시리즈) · 병렬(패럴렐) 하이브리드 구조에 변경은 없지만, 트랜스액슬을 소형, 경량화하기 위해서 구동용 모터(MG2)를 고회전형으로 바꾸고, 토크가 작아진 만큼은 감속 기어로 만회하는 방법을 선

택하고 있다. 초대부터 2세대에 걸쳐 이미 고회전화를 꾀했던 발전용 모터(MG1)에 관해서는, 코일의 권수를 변경함으로써 소형화를 이루고 있다. 동력분할기구와 모터 감속 기어의 일체화, 거기에 구동전달 체인 제거로 기어 트레인의 소형, 경량화도 실현하였다. 복합 기어의 개발은 한편으로 보자면 비용 상승으로 이어지지만, 다른 영역에서 얻을 수 있는 장점과 상쇄할 수 있기 때문에, 개발에 착수하게 된다.

PCU의 소형, 경량화에는 IGBT(Insulated Gate bipolar Transistor: 스위칭 소자)의 냉각방법을 직접 냉각구조로 바꾼 점이 크게 효과를 나타내고 있다.

▶ 하이브리드 장치의 제어

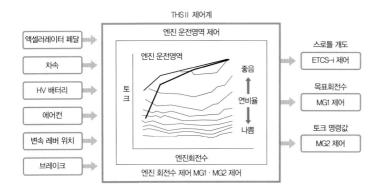

액셀러레이터 페달로 요구되는 구동력을 엔진과 모터(MG2) 구동력으로 만들어 낸다. 엔진은 최적 연비 선상에서 작동하며, 엔진 효율이 나쁜 저부하 영역에서는, 엔진을 사용하지 않고 MG2로 주행한다. SOC값이 낮을 때는 MG1으로 발전한다.

▶ 전원 관리, 컨트롤, 컴퓨터의 제어

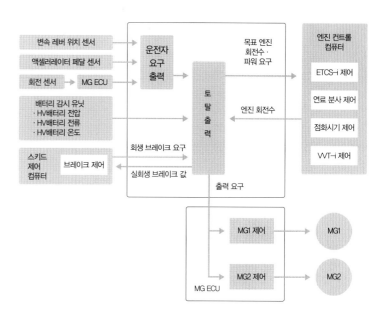

── 하이브리드 장치의 주요 구성부품과 기능 ──

구성부품 / 기능

구성부품		기능
파워 매니지먼트 컨트롤 컴퓨터(HV 기능)		• 액셀러레이터 열림 각(개도), 변속 위치 및 각종 센서의 신호를 기초로 운전 상태에 맞는 엔진 출력 및 MG2 출력을 산출하여, 각 컴퓨터로 출력요구를 송신함으로써 구동력을 제어한다. • HV 배터리 상태(SOC값, 전압, 전류치, 온도 등)를 감시. • DC/DC 컨버터 출력전압을 가변 제어한다. • HV 물펌프 토출량을 가변 제어한다. • HV 배터리 냉각 블로어의 풍량을 가변 제어한다.
2ZR-FXE 엔진		하이브리드 장치에 대응한 고팽창비 엔진으로, 주행을 위한 동력과 발전을 위한 동력을 발생시킨다.
P410형 하이브리드 차량 트랜스액슬	MG1 MG2 동력분할기구 모터 감속 기구	엔진 출력으로 발전을 한다. 엔진 시동 시에는 시동모터 역할을 한다. 엔진 출력을 보조해, 구동력을 높이는 역할을 한다. 또한, 발진시에는 MG2의 동력으로 주행. 나아가 감속 시에는 회생 브레이크에 의한 발전을 한다. 엔진 출력을 구동바퀴로의 동력과, 발전을 위해 MG1을 구동하는 동력으로 분할한다. MG2의 회전을 감속해, 구동 토크의 증폭을 실행한다.
파워 컨트롤 유닛	MG ECU 인버터 승압컨버터 DC/DC 컨버터	파워 매니지먼트 컨트롤 컴퓨터(HV 기능)에서의 출력 요구 치에 따라, 인버터 및 승압컨버터를 구동해 MG1 · MG2를 제어한다. 고전압의 직류전류와 삼상 교류전류의 교환을 실행한다. HV 배터리 전압을 DC201.6V에서 최대 DO650V로 승압한다. 또한, MG1 · MG2의 최대 DO650V 발생전압을 DC201.6V로 강압한다. 고전압의 직류를 약DC14V로 강압해 보조기류나 보조기기 배터리로 공급한다.
HV 배터리		발진시나 가속시 등에 MG2로 전력을 공급. MG1에 의해 발전된 전력이나 감속시에 MG2에 의해 회생 발전된 전력을 저장한다.
SMR(시스템 메인 릴레이)		파워 매니지먼트 컨트롤 컴퓨터(HV 기능)의 신호에 의해, HV 배터리로부터의 고전압 회로의 접속과 차단을 실행한다.
서비스 플러그 그립		점검 · 정비 시에 탈착함으로써 HV 배터리의 고전압 회로를 차단시킨다.
배터리 감시 유닛		HV 배터리의 상태신호(전압, 전류치, 배터리 온도)를 파워 매니지먼트 컨트롤 컴퓨터(HV 기능)로 송신한다.
HV 물펌프		인버터, 승압컨버터, DC/DC 컴퓨터 및 MG1을 냉각하기 위해 냉각수를 순환시킨다.
HV 배터리 냉각용 블로어		HV 배터리를 적절한 온도로 유지한다.
액셀러레이터 페달 센서		액셀러레이터 열림 각(개도)을 검출해 파워 매니지먼트 컨트롤 컴퓨터(HV 기능)로 보낸다.
변속 레버 위치 센서		변속 위치를 검출해 파워 매니지먼트 컨트롤 컴퓨터(HV 기능)로 보낸다.
P위치 스위치		P 위치 스위치 조작신호를 파워 매니지먼트 컨트롤 컴퓨터(HV 기능)로 보낸다.
보조기기 배터리 온도 센서		DC/DC 컨버터의 출력전압을 제어하기 위해 보조기기 배터리 온도를 검출한다.
EV 드라이브 모드 스위치		MG2로만 주행하게 되는 상태의 EV 구동 모드로 전환한다.
PWR 모드 스위치		주행모드를 PWR 모드로 전환한다.
ECO 모드 스위치		주행모드를 ECO 모드로 전환한다.
엔진 제어 컴퓨터		파워 매니지먼트 컨트롤 컴퓨터(HV 기능)의 엔진출력 요구 값에 따라 엔진 제어 장치를 제어한다.
스키드 제어 컴퓨터		• 제동시 필요한 회생 브레이크를 산출해 파워 매니지먼트 컨트롤 컴퓨터(HV 기능)로 전송하는 것과 동시에, 유압 브레이크 힘을 제어한다. • TRC 또는 VSC 작동시, 파워 매니지먼트 컨트롤 컴퓨터(HV 기능)로 요구 토크를 송신해 구동력을 제어한다.
에어백 컴퓨터 어셈블리		충돌시, 에어백 전개신호를 파워 매니지먼트 컨트롤 컴퓨터(HV기능)로 보낸다.
콤비네이션 계기판 어셈블리		• READY 지시계 램프에 의해 하이브리드 장치의 기동상태를 표시한다. • EV 구동 모드 지시계 램프, PWR 모드 지시계 램프 및 ECO 모드 지시계 램프에 의해 각 모드의 선택상태를 표시한다. • 장치 이상시, 문제점에 맞게 엔진을 점검하고 경고 램프, 마스터 경고램프 또는 챠지 경고 램프를 점등한다.
멀티 정보 표시		• 에너지 모니터나 하이브리드 장치 지시계에 의해 하이브리드 장치 출력상태를 표시한다. • EV 드라이브 모드에서 거부 또는 취소인 경우의 메시지를 표시한다. • 장치의 문제점 내용에 맞추어 메시지를 표시한다.

11 하이브리드 장치의 작동

토요타 하이브리드 장치(THS Ⅱ)는 주행조건에 맞춰 엔진 및 MG2의 구동력을 최적으로 배분함으로써, 부드러운 발진과 가속을 한다. 감속시에는 MG2가 회생 브레이크로 작동해 HV 배터리를 충전하고, SOC 값이 저하되어 있는 경우나 MG2가 전력을 필요로 하고 있는 경우에는, 동력분할기구로 엔진 동력을 분할해 MG1을 구동, 발전시킨다. 하이브리드 장치의 작동 자체는 초대 프리우스와 변한 것이 없다.

● 장치 기동

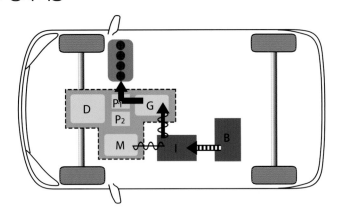

P1 : 동력분할 유성기어   M : MG2
P2 : 감속 유성기어   D : 감속기
I : 인버터   B : HV 배터리
G : MG1

〰〰 교류
▬▬▬ 직류(DC201.6V)
〰▶ 교류전력의 전달
▬▶ 직류전력의 전달
➡ 토크 전달

엔진
정지   운전

브레이크 페달을 밟으면서 파워 스위치를 누르면, 파워 매니지먼트 컨트롤 컴퓨터가 하이브리드 장치를 점검한 후, 장치를 기동시킨다.

SOC 값이 낮을 때에는 MG1으로 발전해서 HV 배터리를 충전하기 때문에, 또한 엔진 냉간시에는 엔진의 난기(暖機)를 실행하기 위해 엔진을 시동한다.

엔진 시동은 HV 배터리 전력을 이용해 MG1이 실행한다.

● 정차시의 충전

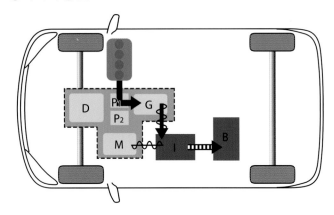

P1 : 동력분할 유성기어   M : MG2
P2 : 감속 유성기어   D : 감속기
I : 인버터   B : HV 배터리
G : MG1

〰〰 교류
▬▬▬ 직류(DC201.6V)
〰▶ 교류전력의 전달
▬▶ 직류전력의 전달
➡ 토크 전달

엔진
정지   운전

정지 중(P 위치)의 SOC 값이 낮을 때는, 엔진 동력으로 MG1의 구동 및 발전을 함으로써 HV 배터리를 충전시킨다.

● 발진 · 저부하 주행

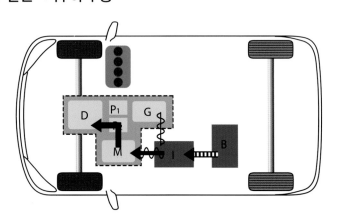

P1 : 동력분할 유성기어   M : MG2
P2 : 감속 유성기어   D : 감속기
I : 인버터   B : HV 배터리
G : MG1

〰〰 교류
▬▬▬ 직류(DC201.6V)
〰▶ 교류전력의 전달
▬▶ 직류전력의 전달
➡ 토크 전달

엔진
정지   운전

일반적인 상태의 발전은, HV 배터리의 전력에 의해 MG2를 구동함으로써 주행한다.

저속 주행 시나 완만한 내리막길 주행 등의 경부하 주행 때에도 엔진을 정지시켜 MG2로 주행함으로써 저연비화를 도모한다.

▶ 정상주행

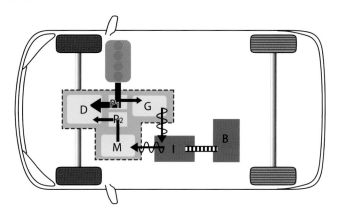

P1 : 동력분할 유성기어   M : MG2
P2 : 감속 유성기어   D : 감속기
I : 인버터   B : HV 배터리
G : MG1

〜〜 교류
▥▥▥ 직류(DC201,6V)
〜▶ 교류전력의 전달
▥▥▶ 직류전력의 전달
➡ 토크 전달

엔진
정지   운전

정상 주행시, 엔진 동력은 동력분할 기구에서 두 경로로 분할되어, 한쪽은 구동력으로써 차륜으로 전달되고, 다른 한쪽은 MG1을 구동하여 발전을 하고, 그 전력에 의해 MG2를 구동함으로써 엔진 동력을 보조해 저연비화를 도모한다.

▶ 가속

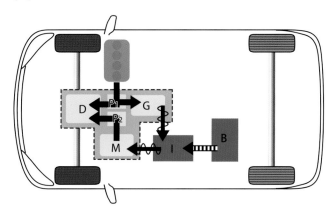

P1 : 동력분할 유성기어   M : MG2
P2 : 감속 유성기어   D : 감속기
I : 인버터   B : HV 배터리
G : MG1

〜〜 교류
▥▥▥ 직류(DC201,6V)
〜▶ 교류전력의 전달
▥▥▶ 직류전력의 전달
➡ 토크 전달

엔진
정지   운전

가속시에는, 엔진 출력을 높여 엔진 동력을 구동력으로써 차륜에 전달함과 동시에, 동력분할 기구를 매개로 엔진 동력을 MG1에 전달해 발전을 실행하며, 그 전력과 HV 배터리로부터의 전력을 사용한 MG2의 구동력을 추가해 가속시킨다.

▶ 감속 · 제동

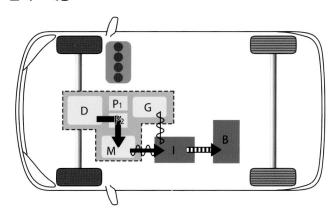

P1 : 동력분할 유성기어   M : MG2
P2 : 감속 유성기어   D : 감속기
I : 인버터   B : HV 배터리
G : MG1

〜〜 교류
▥▥▥ 직류(DC201,6V)
〜▶ 교류전력의 전달
▥▥▶ 직류전력의 전달
➡ 토크 전달

엔진
정지   운전

감속시(액셀러레이터 OFF 상태)에는, 차륜에서 전달되는 동력에 의해 MG2를 회생시켜 발전을 실행함으로써, 운동 에너지를 전기 에너지로 변환해 HV 배터리로 회수한다.

제동시에는, 브레이크 페달의 조작량에 맞는 제동력을 얻을 수 있도록, 전자제어 브레이크 장치와 협조제어하면서 에너지 회수량을 결정한다.

▶ 후진 주행

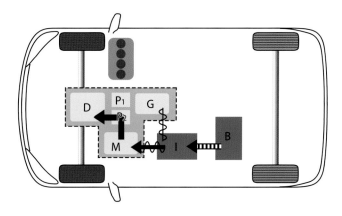

P1 : 동력분할 유성기어   M : MG2
P2 : 감속 유성기어   D : 감속기
I : 인버터   B : HV 배터리
G : MG1

〜〜 교류
▥▥▥ 직류(DC201,6V)
〜▶ 교류전력의 전달
▥▥▶ 직류전력의 전달
➡ 토크 전달

엔진
정지   운전

후진 주행시에는, HV 배터리로부터의 전력에 의해 MG2를 전진시의 역방향으로 구동함으로써 후진한다.

12

트랜스액슬(TRANSAXLE)

동작은 복잡하지만 구성품은 간단
4종의 기어를 일체화한 다기능 기어를 개발

프리우스(Prius)의 트랜스액슬은, 엔진 동력과 모터 동력을 혼합 또는 분할하는 기능을 가진다.
MG2와 세트로 기능하는 모터 감속 기구와 구동전달 체인의 폐지가 큰 화제이다.

글: 세라 코타 · 그림: 쿠마가이 토시나오 · 사진: TOYOTA

모터 발전기 1

모터 발전기 2

다기능 기어

최종 구동기어(좌우 반전된 상태가 차량탑재 상태)

카운터 피동기어

2세대 프리우스의 트랜스액슬(좌)과 3세대 프리우스의 트랜스액슬

「모터는 철의 영혼」이라고 좀 억지스럽게 주장한다면, 한눈으로 비교해도 3세대 프리우스용 트랜스액슬의 경량화를 알 수 있다. 구동전달 체인을 없앰으로써 회전축은 4축에서 3축으로 경량화 됨과 동시에 4%의 전장 단축도 달성되었다.

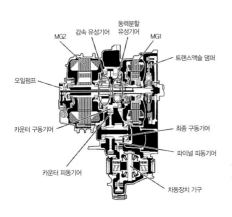

모터 감속기어와 동력분할 기어 2종류가, 하나의 캐리어에 들어가 있다. MG2는 구동바퀴와 직결되어 있기 때문에, 구동바퀴에서 전달되는 회전은 증속되어 MG2를 고속회전으로 구동한다.

발전용 모터와 구동/회생용 모터를 갖춘 2모터 방식. 단면도로 보면, 감속+동력분할 기구가 콤팩트화된 것을 알 수 있다.

▶ 트랜스액슬 사양

트랜스액슬 형식		P410
변속 위치		P / R / N / D / B
동력분할용 유성기어	선 기어 기어수	30
	피니언 기어 기어수	23
	링 기어 기어수	78
감속 유성기어	선 기어 기어수	22
	피니언 기어 기어수	18
	링 기어 기어수	58
카운터 기어	구동기어 기어수	54
	피동기어 기어수	55
최종 기어	구동기어 기어수	24
	피동기어 기어수	77
차동장치 기구	기어 형식	평 베벨 기어
	피니언수	2
사용 오일 명칭		토요타 순정오일 유체 WS

엔진을 2ZR-FXE형(1800cc, 직4)으로 바꾸는데 맞추어, 트랜스액슬을 새로 개발했다. 목적은 연비 향상과 저소음화, 그리고 소형·경량화이다.

큰 변화 중 하나는, 모터 회전을 감속해 토크를 증폭하는 모터 감속 기구를 채용했다는 점이다. 모터 출력은 회전수×토크로 결정된다. 토크를 늘리게 되면 모터 두께나 지름이 늘어나는 건 당연하기 때문에, 이것을 추구하다보면 모터 부피가 커지게 된다. 이것은 피해야 할 일이다. 엔진과 달리 모터는 고회전화에 강한 성질을 갖는다. 이것을 이용해 주로 동력원으로써기능하는 MG2(모터 발전기2)를 고속 회전시킨다. 토크 증폭을

전제로 하면, 모터 부피를 작게 할 수 있다.

모터 회전과 엔진 회전을 분리할 수 있는 토요타 하이브리드 장치는, 원래부터 모터의 고속회전화에 대응할 수 있는 소질을 갖추고 있다고 여겨진다. 엔진과 모터를 직결하는 구조에서는 불가능한 기능이다.

모터 감속 기구는 해리어(Harrier) 하이브리드에서 이미 채택되었고, 이것이 좋은 경험이 되었다. 처음 시도한 해리어에서는 생산성이나 질량, 비용 면에서 충분치 않은 부분이 있었다고 하지만, 프리우스에 채택되면서부터는 이들 과제를 극복해 세련되게 적용할 수가 있었다.

소형·경량화에는 구동전달 체인의 폐지도 공헌하고 있다. 주로 발전을 담당하는 MG1은 2세대 프리우스 시대부터 고속회전형을 사용하고 있다. 소형·경량화를 실현하는데 있어서는 코일 권수 방식을 변경하는 방법이 실행되었다.

모터 발전기, 감속 기어, 구동전달계통 등 다방면에 걸쳐 개발을 한 결과, 3세대 프리우스 트랜스액슬은 2세대 프리우스와 대비해 20kg에 달하는(또는 조금 넘는) 경량화를 실현했다. 프리우스를 필두로 많은 차종으로 확산되어 가는 과정에서 이것이 큰 무기가 되었다.

13 기어 트레인의 작동

앞 페이지 트랜스액슬 그림의 각 주행모드에 있어서 구성품의 움직임을 설명한다.

왼쪽이 엔진, 앞쪽이 차량 전방. 차량탑재 상태에서는, 카운터 피동기어 이후의 기어는 후방에 위치한다.

AT나 CVT에 해당하는 부분이라고 생각하면, 구성품은 간단하고 콤팩트하다.

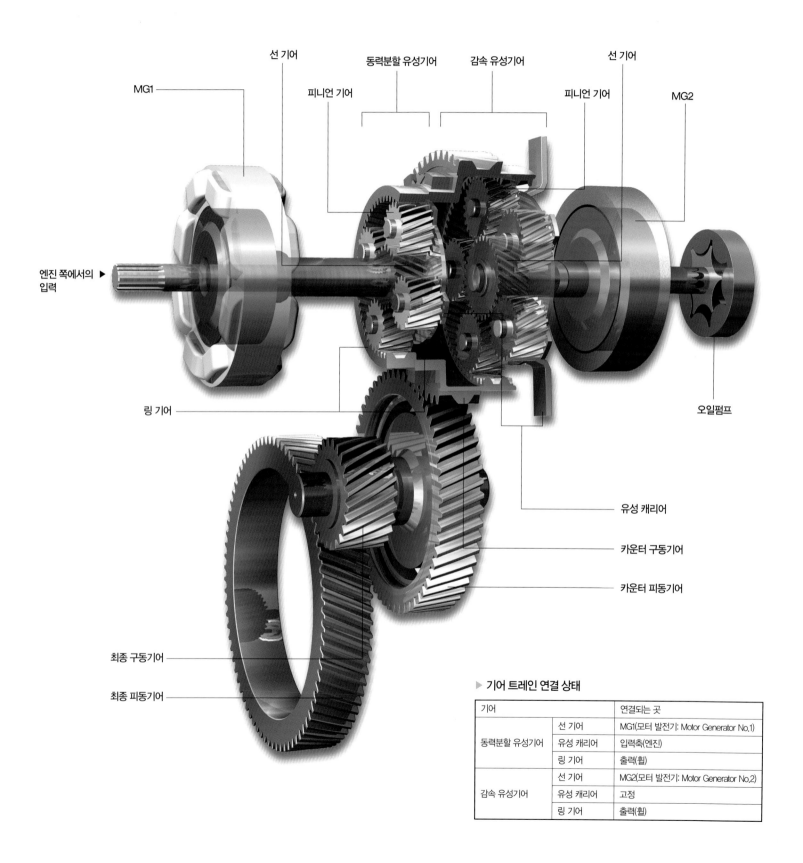

선 기어
MG1
동력분할 유성기어
감속 유성기어
피니언 기어
선 기어
피니언 기어
MG2

엔진 쪽에서의
입력

링 기어
오일펌프

유성 캐리어
카운터 구동기어
카운터 피동기어

최종 구동기어
최종 피동기어

▶ 기어 트레인 연결 상태

기어		연결되는 곳
동력분할 유성기어	선 기어	MG1(모터 발전기: Motor Generator No.1)
	유성 캐리어	입력축(엔진)
	링 기어	출력(휠)
감속 유성기어	선 기어	MG2(모터 발전기: Motor Generator No.2)
	유성 캐리어	고정
	링 기어	출력(휠)

기어 트레인의 작동원리

트랜스액슬은, 주로 발전기로써 작동하는 MG1(모터 발전기1)과 주로 동력원으로써 작동하는 MG2(모터 발전기2), 동력분할기구(동력분할 유성기어), 모터감속 기구(감속 유성기어), 카운터 기어 세트 + 파이널 기어 세트로 이루어진 감속기구, 거기에 차동장치기구로 구성된다.

엔진 동력은 동력분할기구에 의해 MG1을 발전기로 하는 동력(전기적 동력)과 차륜을 구동하는 동력(기계적 동력)으로 분할된다. 입력 축에서 입력된 엔진 동력은, 동력분할 유성기어의 유성 캐리어에서 피니언 기어를 매개로 MG1에 접속된 선 기어와 출력(휠)에 접속된 링 기어로 전달된다. 시동할 때에는 MG1의 동력을 엔진에 전달함으로서 시동모터로써 기능을 한다.

MG2의 동력은, 감속 유성기어의 선 기어에서 피니언 기어를 매개로 하여 출력(휠)에 접속된 링 기어로 전달된다. 모터 감속 기구에 의해 MG2의 회전을 감속해 구동 토크를 증가한다.

유성기어의 회전을 지시하는 수단으로써 공선도(共線圖)를 사용한다. 각각의 기어 회전수가 직선으로 연결된다.

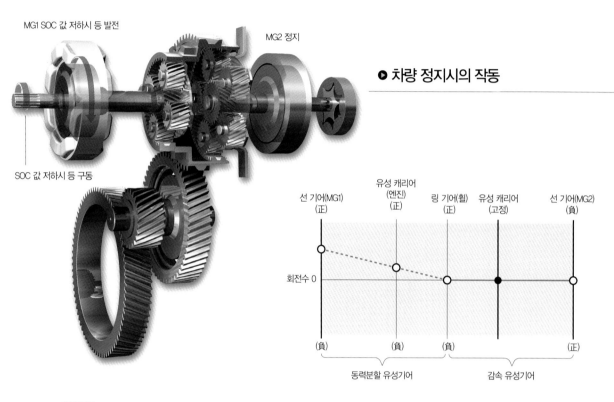

MG1 SOC 값 저하시 등 발전

MG2 정지

SOC 값 저하시 등 구동

● 차량 정지시의 작동

선 기어(MG1)
(正)

유성 캐리어
(엔진)
(正)

링 기어(휠)
(正)

유성 캐리어
(고정)

선 기어(MG2)
(負)

회전수 0

(負) (負) (負) (正)

동력분할 유성기어 　감속 유성기어

HV 배터리의 SOC 값이 양호한 상태에서 엔진은 정지한다. 이 때 MG2와 MG1 같이 정지한다. SOC 값이 저하된 경우에는 엔진을 구동하고, 동력분할 기구를 매개로 MG1에 동력을 전달함으로써 발전하게 하여 HV 배터리에 충전시킨다.

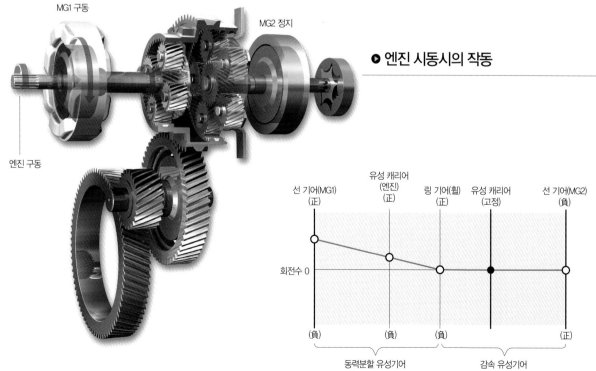

MG1 구동

MG2 정지

엔진 구동

● 엔진 시동시의 작동

선 기어(MG1)
(正)

유성 캐리어
(엔진)
(正)

링 기어(휠)
(正)

유성 캐리어
(고정)

선 기어(MG2)
(負)

회전수 0

(負) (負) (負) (正)

동력분할 유성기어 　감속 유성기어

구동바퀴가 정지해 있기 때문에 링 기어도 정지되어 있다. 여기서, 엔진 시동모터로써의 기능을 갖는 MG1에 통전(通電)해 선 기어를 돌려 엔진을 시동시킨다. 엔진이 시동하면, MG1은 발전을 시작해 HV 배터리를 충전시킨다.

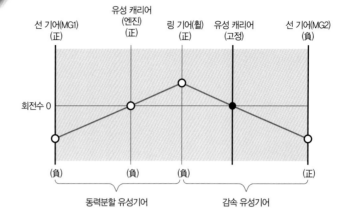

MG1 공전

MG2 구동

엔진 정지

● 발진 · 경부하 주행시(일반적인 상태)

선 기어(MG1)
(正)

유성 캐리어
(엔진)
(正)

링 기어(휠)
(正)

유성 캐리어
(고정)

선 기어(MG2)
(負)

회전수 0

(負)　(負)　(負)　(正)

동력분할 유성기어　　감속 유성기어

HV 배터리의 SOC값이 양호한 상
태에서는, MG2의 구동력으로만
발진 및 주행을 한다. 그 경우 엔
진은 정지되어 MG1도 발전을 하
지 않는다.

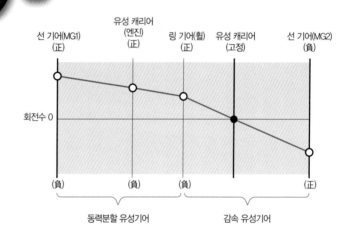

MG1 발전

MG2 구동

엔진 구동

● 발진 · 경부하 주행시(SOC 값 저하시)

선 기어(MG1)
(正)

유성 캐리어
(엔진)
(正)

링 기어(휠)
(正)

유성 캐리어
(고정)

선 기어(MG2)
(負)

회전수 0

(負)　(負)　(負)　(正)

동력분할 유성기어　　감속 유성기어

SOC 값이 저하되어 있는 상태에
서는, 엔진을 시동해 MG1으로 발
전함으로써 HV 배터리에 충전을
한다.

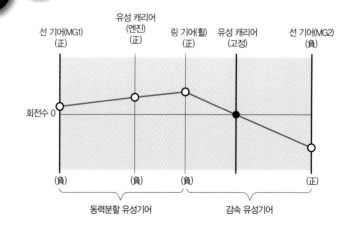

MG1 미세발전

MG2 구동

엔진 구동

● 정상 주행시의 작동

선 기어(MG1)
(正)

유성 캐리어
(엔진)
(正)

링 기어(휠)
(正)

유성 캐리어
(고정)

선 기어(MG2)
(負)

회전수 0

(負)　(負)　(負)　(正)

동력분할 유성기어　　감속 유성기어

엔진 효율이 좋은 운전영역에서
는, 주로 엔진 출력으로 주행한다.
엔진 출력은 동력분할 기구에 의
해 2경로로 분할되어, 한편은 구
동력으로써 차륜에 전달된다. 다
른 한편은 MG1을 구동해 발전하
며, 그 전력으로 MG2를 구동해 엔
진 동력을 보조한다.

MG1 발전

MG2 구동

엔진 구동

● 가속시의 작동

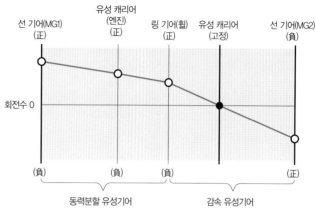

선 기어(MG1)
(正)

유성 캐리어
(엔진)
(正)

링 기어(휠)
(正)

유성 캐리어
(고정)

선 기어(MG2)
(負)

회전수 0

(負)　　　(負)　　　(負)　　　　　　(正)

동력분할 유성기어　　　감속 유성기어

정상 주행에서 가속을 하는 경우는, 엔진 회전수를 올리는 것과 동시에 MG1에서 발전한 전력으로 MG2를 구동시켜 구동력을 얻는다.

MG1 공전

MG2 구동

엔진 구동

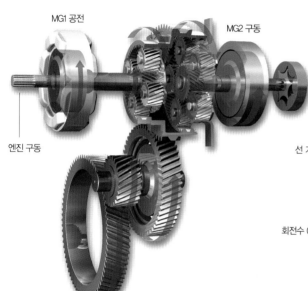

● 에너지 회생시의 작동

선 기어(MG1)
(正)

유성 캐리어
(엔진)
(正)

링 기어(휠)
(正)

유성 캐리어
(고정)

선 기어(MG2)
(負)

회전수 0

(負)　　　(負)　　　(負)　　　　　　(正)

동력분할 유성기어　　　감속 유성기어

감속시, SOC 값이 정격치 이하인 경우, 구동바퀴로 MG2를 회전시킴으로써 운동 에너지를 전기 에너지로 변환해 HV 배터리에 충전시킨다.

MG1 공전

MG2 구동

엔진 구동

● 후진 주행시의 작동

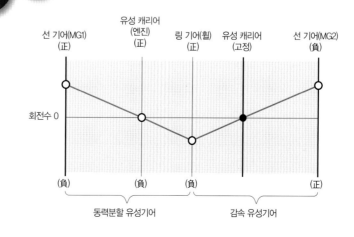

선 기어(MG1)
(正)

유성 캐리어
(엔진)
(正)

링 기어(휠)
(正)

유성 캐리어
(고정)

선 기어(MG2)
(負)

회전수 0

(負)　　　(負)　　　(負)　　　　　　(正)

동력분할 유성기어　　　감속 유성기어

주로 MG2의 구동력으로 주행. SOC 값이 저하되어 있는 경우는 엔진을 구동시켜, MG1으로 발전된 전력을 구동력으로 사용한다.

14 세계최초의 내측 기어 세이빙 가공
작고, 가볍게 그리고 저렴하게 하기 위한 집착

엔진 룸 안의 공간을 확보하기 위해 동력분할, 모터 감속, 동력전달, 주차의 4가지 기능을 일체화했다. 일체화하는 것도 큰일이지만, 개별로 구성하는 것도 비용이 늘어난다. 단순화시키기 위해 노력하면서, 새로운 가공법으로 소음 절감에 집중했다.

글: 세라 코타 · 사진: 스미요시 미치히토 / TOYOTA

내측 기어 세이빙(Shaving)
가공(감속 유성 / 링 기어)

브로치(Broach)가공한 두개의 부재료를 합치는 방법도 검토했지만, 「정밀도를 높이고 싶다」는 일념으로 양산하여, 세계 최초의 내측 기어 세이빙 가공을 사용하기에 이르렀다. 마찬가지로, 주차 기어를 후 작업하는 방법도 검토했지만, 정밀도 있게 붙이는 것과 같은 과제도 있어서 일체화에 집중했고, 결국 4종 복합기어가 되었다. 키누우라 공장에서 소재를 제조하고, 본사 공장에서 기어절단 · 연마 등의 마무리 가공을 하고 있다. 냉간단조~기계가공~열처리~연마 공정을 거친다.

왼쪽이 2세대 프리우스의 동력분할 기구 + 동력전달 체인. 체인을 없애고 기어로 전달하게 됨으로써 패키지 전체가 작아졌다.

동력분할 유성 / 링 기어

감속 유성 / 링 기어

최종 구동기어

카운터 피동기어

주차기어

카운터 구동기어

우측 끝 MG2의 가로방향으로 오일펌프가 보인다. 오일펌프 커버(알루미늄제)에 마스터 댐퍼 기능을 가지게 함으로써, 두껍고 무거워지기 쉬운 상태를 벗어나 진동을 억제하고 있다.

부품을 줄이면 심플하게 만들 수 있다. 궁극화(窮極化)의 예

「작게 하면 가벼워진다. 가벼워지면 비용을 낮출 수 있게 되며, 여분의 공간을 다른 기능으로 채울 수도 있다.」 이런 생각을 실현한 것이, 복합 기어이다. 두 개의 링 기어를 일체화하여, 한쪽 링 기어는 MG2(모터 발전기2)의 감속 기능을 담당하고, 다른 한 쪽은 MG1(모터 발전기1)의 동력분할을 담당한다. 외주에는 카운터 구동 기어와 주차 기어가 있어서, 합해서 네 종류의 기능이 일체화되어 있다.

「동작은 복잡하지만, 안에 들어가 있는 구성품은 상당히 단순합니다. AT나 CVT에 필요한 복잡한 구성부품이 없기 때문입니다.」라고, 개발에 참여했던 오타카 켄지(大高 健二)씨는 설명한다. 출발 장치가 필요한 AT나 CVT에 비해, 모터 발진이 가능한 프리우스에 그런 장치는 필요가 없다. 원래부터 소형화에 유리한 특성을 갖고 있는 것이다. 물론 소형화를 위한 대책은 있다. 오일 흐름을 개선함으로써 모터의 냉각효율을 높인 것이다. 특별한 부품을 집어넣어 구성품 전체를 비대화시키지 않고, 차동장치 링기어로 오일을 끌어올림으로써 각 모터에 오일을 공급하여 냉각시킨다. 「부품을 줄이면

간단하게 된다는 궁극화의 예입니다」라고 오타카씨는 자랑스러워한다.

그런 궁극화를 상징하는 것이 복합 기어이다. 「제각각이면 비싸다」라는 것이 개발 동기인데, 소음을 해결해야 한다는 과제가 있었다.

「하이브리드는 조용하다는 이미지가 있습니다. 그러나 엔진이 움직이지 않는 만큼, 기어 소리는 크게 들립니다. 방음 커버를 대면 무거워지기 때문에, 이번에 프리우스에서는 근본적인 대책을 세우기로 했습니다.」

이러한 소음 해결법의 하나가 "기어 가공"이다.

「기어 소음에는 기어 자체에서 나는 소리와 기어 전달과정에서 발생하는 소리가 있습니다. 이 두 가지에 대한 대책을 세우려고 바깥쪽 기어를 열처리한 후에 연마했습니다.」

말로는 간단하지만, 안쪽 기어는 특히나 어려운 부분이다. 두 개의 기어를 일체화시키고 있고, 각각 지름이 다르기 때문에 어려움이 따른다.

「일반적인 가공법으로는, 세이퍼(Shaper) 가공과 브로치(Broach) 가공이 있습니다. 지름이 작은 기어(동력

大高健二(오타카 켄지)

토요타 자동차 주식회사
제2기술개발본부
제3 드라이브 트레인 기술부
제2HV 구동기술실 그룹장

분할 유성 링 기어)는 브로치로 되지만, 안쪽 기어(감속 유성기어의 링 기어)는 브로치 가공으로 불가능하죠. 그런 경우에는 세이퍼 가공을 하는 수밖에 없는데, 이렇게 하면 정밀도가 좋지 않습니다.」 그래서 세이빙 가공(Shaving Press, 기어면 완성 가공)을 사용했다.

「기존는 바깥쪽 기어에 사용하는 가공법이었지만, 정밀도를 내기 위해 안쪽 기어에 사용했습니다. 기어 소음을 줄이기 위해 어떻게든 사용하고 싶었습니다.」

세세한 시점으로 보자면 기어 가공 면에서 비용 상승이 됐지만, 전체적으로 보면 좋은 결과를 가져왔다. 이 모든 것이 엔지니어의 노력이다.

15 300cc의 배기량 증가는 고속 실용연비 향상을 위한 것

초대 프리우스의 고팽창비 사이클을 계승하지만, 배기량은 1500cc에서 1800cc로 확대.
「더 좋은 저연비화」가 목적이지만, 그것은 카탈로그를 장식하는 모드연비뿐만 아니라, 실용연비도 포함하고 있다.

글: 세라 코타 · 사진: 스미요시 미치히토 / TOYOTA

▶ 2ZR-FXE

배기량[cc]		1797
실린더 수 및 배치		직렬4실린더 · 가로배치
연소실 형상		펜트루프형
밸브기구		DOHC 4밸브 · 체인 구동
밸브 가변기구		흡입 VVT-i
내경×행정[mm]		80.5×88.3
압축비		13
연료공급방식		EFI
최고출력[kW(PS)/rpm]		73(99) / 5200
최대토크[N · m(kgf · m)/rpm]		142(14.5) / 4000
흡입밸브 타이밍	열림	29°BTDC~12°ATDC
	닫힘	61°ABDC~102°ABDC
배기밸브 타이밍	열림	31°BBDC
	닫힘	3°ATDC
점화순서		1-3-4-2
사용연료		무연 레귤러 가솔린

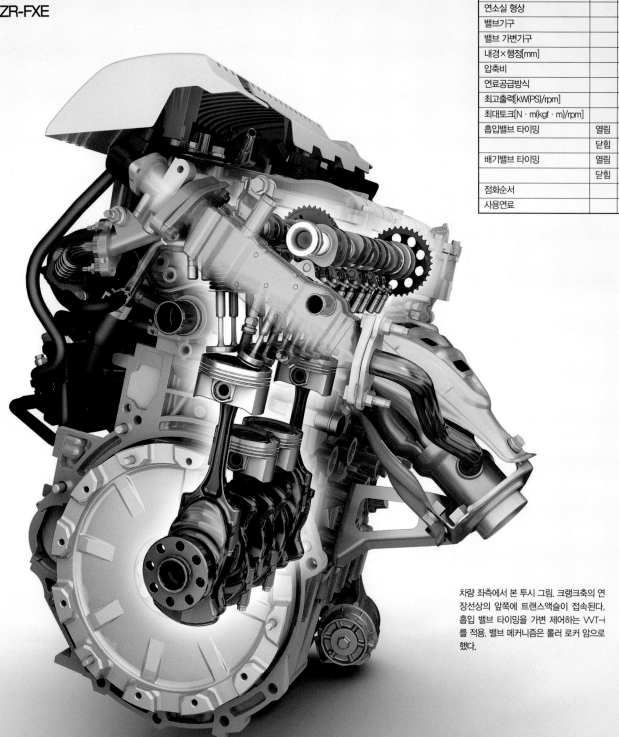

차량 좌측에서 본 투시 그림. 크랭크축의 연
장선상의 앞쪽에 트랜스액슬이 접속된다.
흡입 밸브 타이밍을 가변 제어하는 VVT-i
를 적용. 밸브 메커니즘은 롤러 로커 암으로
했다.

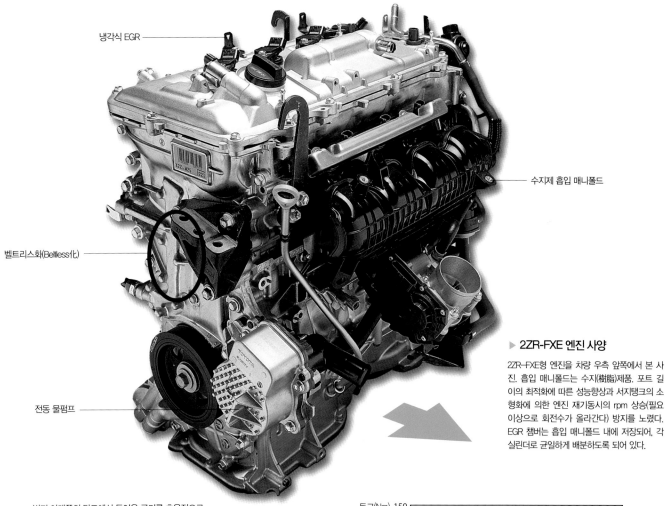

냉각식 EGR

벨트리스화(Beltless化)

전동 물펌프

수지제 흡입 매니폴드

▶ 2ZR-FXE 엔진 사양

2ZR-FXE형 엔진을 차량 우측 앞쪽에서 본 사진. 흡입 매니폴드는 수지(樹脂)제품. 포트 길이의 최적화에 따른 성능향상과 서지탱크의 소형화에 의한 엔진 재기동시의 rpm 상승(필요 이상으로 회전수가 올라간다) 방지를 노렸다. EGR 챔버는 흡입 매니폴드 내에 저장되어, 각 실린더로 균일하게 배분하도록 되어 있다.

범퍼 아래쪽의 닥트에서 들어온 공기를 효율적으로 라디에이터로 유도하는 설계이다. 공기는 가급적 바닥 아래에 흐르지 않게 한다.

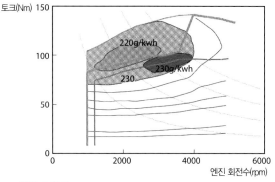

▶ 엔진 효율비교

2세대 프리우스(파란 부분)와 3세대 프리우스(녹색 부분)의 연료 소비율을 비교한 그래프. 흡입 밸브 타이밍을 인식시키는데 더해, 냉각식 EGR 사용으로 실제 압축비가 향상되었다. 또한 더 광범위하게 엔진 효율이 올라가 시가지에서 연비를 끌어올렸다.

왜 배기량을 올렸을까. 개발자의 대답은, 「고속 실용연비를 좋게 하기 위해서」이다. 고속도로를 일정한 속도로 달릴 경우에는 하이브리드 장치를 탑재하는 장점을 살릴 수 없다. EV 주행에는 맞지 않는 속도영역이고, 회생 브레이크를 사용하여 에너지를 회수할 기회도 없다. 단순히, 엔진 효율×전달 효율로 결정되어 버린다.

그러면 어떻게 엔진 효율을 올릴 것인가. 개발자 측에서 끌어낸 해답은, 배기량을 300cc 증가시키는 것이었다. 배기량을 올림으로써 필연적으로 출력은 향상되기 때문에, 고속 크루징(120km/h를 기준으로 했다)에

서는 엔진 회전수를 20% 낮출 수 있었다.

실린더수를 바꾸지 않고 배기량을 올리면, 실린더 당 SV비(표면적/체적비율)가 낮아지고, 의외로 뺏기는 열이 줄게 되어 냉각손실이 적어진다. 전통적인 자동차의 경우, 배기량을 확대하면 연비가 나빠진다는 이미지와 연결되지만, 하이브리드로 사용할 경우는 그렇지 않다고 개발에 관계한 엔지니어는 설명한다.

「엔진 배기량을 올리면 효율이 나빠지는 것은, 경부하에서의 효율이 나빠지기 때문이고 그것은 스로틀로 조이고 있기 때문입니다. 그런데 프리우스의 경우는 EV 주행을 하고 있기 때문에, 사용하지 않는 영역입니

다. 그렇기 때문에 배기량을 확대해도 연비는 나빠지지 않습니다.」(다카오카).

프리우스 차체를 고려할 경우, 배기량 증가는 300cc가 타당하다는 결론이 나왔다.

전동 물펌프를 사용함으로써 벨트를 없앤 것도 큰 변경 요소이다.

「전부 전동화하여 V벨트를 없앴습니다. 전동 물펌프를 사용하게 되어 최적의 열관리가 가능해졌다는 것 말고도, 벨트가 없어짐으로써 "벨트 소음"에서도 해방되었습니다. 다음 점검시에 벨트 교환을 할 필요가 없어진 부수효과도 있습니다.」(다카오카)

● 배기열 재순환 장치

▶ 겨울철 시내주행의 실용연비 향상이 목적

히터는 엔진 냉각수 열을 이용한다. 그런데 기온이 낮은 겨울철에는 냉각수가 따뜻해지기 쉽지 않다. 하이브리드 장치 가동을 위해 엔진을 시동할 필요가 없어도, 히터를 가동시키기 위해서는 엔진 시동이 필요한 경우가 생긴다. 이 것이 겨울철 실용연비를 악화시키는 원인이었다. 신형 프리우스는 배기열 회수장치를 채택하여, 배기가스 열을 이용해 엔진 냉각수를 가열함으로써 엔진 난기(暖機)를 촉진하고, 이로 인해 조기에 엔진을 정지시켜 하이브리드 장치 의 효율향상을 촉진한다. 배기열 회수장치는 앞좌석 중앙 바닥 아래에 장착되어 있다.

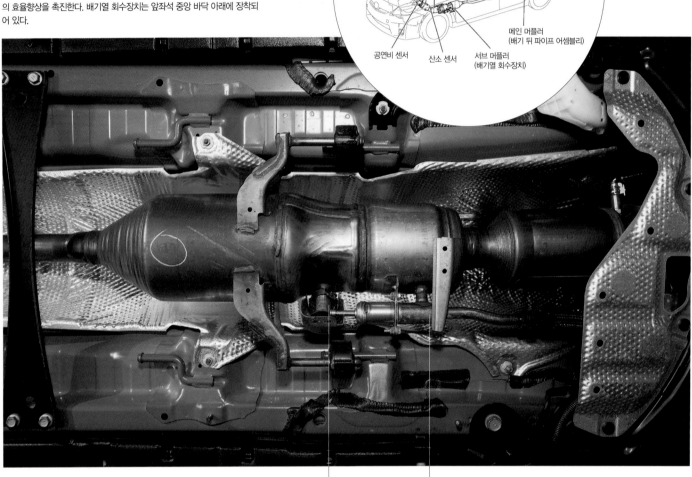

배기 매니폴드 · 삼원촉매 · 앞 배기관(배기관 어셈블리 FR)

공연비 센서 · 산소 센서 · 서브 머플러(배기열 회수장치) · 메인 머플러(배기 뒤 파이프 어셈블리)

▶ 엔진쪽

배기가스 제어 액추에이터 · 냉각수 경로

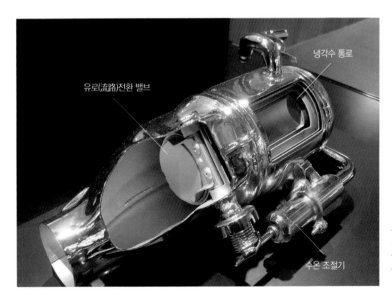

유로(流路)전환 밸브 · 냉각수 통로 · 수온 조절기

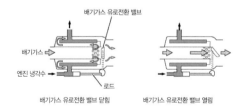

배기가스 유로전환 밸브

배기가스

엔진 냉각수 · 로드

배기가스 유로전환 밸브 닫힘 · 배기가스 유로전환 밸브 열림

▶ 유로전환 밸브의 작동원리

배기가스 유로전환 밸브의 작동을 나타낸다. 차량 앞쪽에 있는 로드를 이용 하여 밸브를 조작해 수온이 낮은 경우는 밸브를 닫는다. 한편, 고출력을 필 요로 하는 경우에는 배기압력으로 밸브가 열리는 구조로 되어 있다.

사진은 렉서스 RX450h(2009년 1월 발매)에 장착된 배기열 회수장치 의 단면 모델. 기본구조는 프리우스용과 동일하다. 엔진 냉각수의 수 온을 수온 조절기로 감지하고, 유로전환 밸브를 개폐해서 배기가스의 유로를 제어한다. 수온이 낮은 경우는 유로전환 밸브를 닫아 배기가스 열을 수온 상승에 이용하고, 수온이 높아지면 밸브를 개방한다.

EGR 밸브

수랭식 EGR 쿨러

EGR 파이프

EGR 파이프

냉각식 EGR

▶ 냉각손실 절감으로, 전 영역에서 화학량론적 (Stoichiometry) 운전을 실현

가솔린 차량에 EGR를 도입하면, 새로운 공기량 + EGR 양을 늘리기 위해 스로틀을 열기 때문에, 펌프 손실절감(에 의한 연비향상)을 기대할 수 있다. 프리우스의 경우에도 펌프 손실절감을 목적으로 EGR를 도입했지만, EGR에 가스 냉각기능(수랭식 쿨러. 스테인리스제품)을 더한 냉각식 EGR를 채택 함으로써, 노킹이 일어날 만한 운전영역에서도 EGR을 넣을 수 있어서 펌프손실과 더불어 냉각손실이 절감되어 엔진 효율을 더욱 향상시키고 있다. 또한 냉각식 EGR는 배기온도를 낮추는 효과도 있기 때문에, 촉매 장치를 지키기 위한 연료량을 증가시키지 않아도 된다. 그 때문에, 스포츠 주행을 했을 경우에도, 화학량론적으로 돌릴 수 있게 되었다. 즉, 전 영역에서 화학량론을 실현하고 있다.

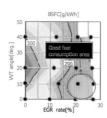
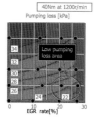

▶ EGR 효과

경부하에서의 EGR율과 연료소비율, 펌핑 손실 등의 관계를 나타낸 그래프. 펌핑 손실절감에 관해서는, 흡입밸브 타이밍을 인식시키는 것과 더불어 실제 압축비를 올리는 냉각식 EGR의 도입이 효과적임을 알 수 있다.

전 영역의 화학량론은 일본 최초의 쾌거. 훌륭하다!

프리우스 엔진은 하이브리드용 엔진으로 확실하게 진화하고 있다. 엔진 전체에 걸쳐 세세한 개선이 이루어져, 선대 프리우스가 고심했던 구속연비와 동계연비를 향상시키고 있다.

배기량을 1500→1800cc로 증가시켰지만, 고속주행 시의 엔진 회전수를 20% 저하시키기 때문에 차륜 1회전당 배기량(≒엔진 저항)은 약간 감소한다는 계산이 나온다. 거기에 저속 회전이 됐다는 것과, 롤러 로커 암 방식이나 피스톤 링 장력의 저하가 더해져 엔진의 기계저항손실이 줄어든 만큼은 확실하게 연비 향상으로 이어졌다. 나아가 냉각식 EGR에 의해(산소농도가 줄어들기 때문에) 노킹이 개선된 만큼 점화진각이 가능해져 연소효율이 향상되었다.

또한 냉각식 EGR은 배기온도를 낮출 수 있기 때문에 배기온도 저하를 위한 연료량 증가가 불필요해, 전 영역에서 화학량론 운전을 실현했다. 이것은 일본 최초의 쾌거로써 매우 훌륭하다고 자부한다. 이들 효과로 인해 100~120km/h의 고속주행에서는 연비의 포인트인 220g/kWh(열효율 36%)로 운전이 가능해져, 선대보다 10% 이상 고속연비를 향상시키고 있다. 이로써 디젤 엔진에 가까운 연비가 가능해졌다. 디젤 엔진의 관심 연비가 200~210g/kWh(열효율 37~39%)정도이므로, 150km/h 이상의 고속에서는 아직 디젤 엔진에 미치지 못하지만, 유럽의 아우토반을 빼면, 디젤 엔진과 동등한 고속연비가 나온다고 말할 수 있을 것이다.

한편, 배기열 회수 장치와 전동 물펌프를 사용해, 고온의 배기로 냉각수를 따뜻하게 하는 동시에 시동 후나 저부하 주행에서의 냉각을 최적으로 제어해 난기성 향상과 난방성 향상을 실현하고 있다. 겨울철에는 난방성 확보를 위해 엔진을 운전시켜야만 했던 영역에서도 EV 주행을 가능하게 해 연비를 향상시킬 수 있었던 것이다.

일반적인 시내주행에서는, 1.아이들링 스톱(차량이 정지 후 일정 시간이 지나면 엔진작동이 멈추는 것: idling stop), 2.에너지 회생, 3.저부하역의 EV 주행과 같은 하이브리드 연비향상 효과를 더 높이고 있다. 60~80km/h의 정상주행(장시간 EV 주행은 불가능) 시의 엔진출력은 기껏해야 5kW이고 하이브리드라도 연비의 핵심을 사용할 수는 없기 때문에, 배기량 증가분은 연비 악화로 이어진다.

그 대책으로 냉각식 EGR과 VVT 제어로 저부하 운전의 연소효율을 높였다. 더욱이 앞서 얘기한 엔진의 기계손실 절감도 있어서 배기량 증가분은 상쇄될 것이다. 결과적으로, 하이브리드 효과가 향상된 부분만큼 시내주행 연비가 선대보다 10% 가량 향상되었다.

하이브리드 효과에는 다운사이징(2,400cc 상당의 주행을 1,800cc로 실현)이 포함되어 있는데, 어째서인지 토요타는 그것을 내세우지 않고 있다. 시내주행에서 연비의 자랑거리를 발휘하지 못한다는 것은, 엔진 배기량이 너무 크다는 것을 의미하고, 다운사이징할 여지가

있다는 것이다. 3실린더 1,200cc 직접분사식 엔진에 최소형 터보를 조합해 적극적으로 밀러 사이클을 사용하면 그것은 가능할거라 생각하지만……

그런데, 토요타에서는 흡입밸브를 늦게 닫는 고팽창비인 이 엔진을 「압축행정·팽창행정」을 실현했다고 해서 애킨슨(Atkinson) 사이클로 부르고 있는데, 「압축행정·흡입행정·팽창행정·배기행정」을 복잡한 크랭크 기구로 실현한 원조 애킨슨 사이클과는 다르다. 「흡입행정·배기행정」이란, 배기 상사점의 연소실 용적이 거의 제로로써 완전배기(배기를 완전히 밀어냄)를 실현하는 것으로, 그 결과 연소실 내에 고온의 잔류 가스가 남지 않기 때문에 노킹이 일어나기 어렵고, 급속한 연소로 더욱 연비향상이 이루어지는 것이다.

이런 이유로, 필자는 흡입밸브를 늦게 닫는 고팽창비 엔진을 자연흡입 밀러(Miller) 사이클로 부르고 있다는 사실을 부가적으로 밝히는 바이다.

16

아이신 정기(精機) 주식회사 I 엔진 냉각용 전동 물펌프

온 디맨드로 엔진을
최적으로 식혀주는 전동 물펌프

이번 엔진의 주목할 점은 「벨트리스(beltless) 엔진」이다. 요점은 물펌프의 전동화.
보조 기류가 모두 전동화되어 벨트로 구동하는 보조기기가 없어진 것이다.

글: 스즈키 신이치 · 사진 & 그림: 미즈카와 마사요시 / AISIN SEIKI

내열성(耐熱性)을 확보한 가운데, 일반적이라면 세라믹 등을 사용해야 하는 드라이버 기판을 일반적인 프린트 기판으로 대체한 것은 비용 절감에 크게 기여했다. 또한 범용IC를 사용하지 않고 IC를 관습화하고 있다. 회로설계의 수완을 엿볼 수 있는 장면이다.

손으로 누르고 있는 것이 방열을 위한 젤 시트이고, 그 밑에는 서멀비아(Thermal Via)라고 불리는 세세한 구멍이 나 있어서, 그 뒤쪽에 있는 회로 가운데 가장 열이 많이 나는 파워 소자를 냉각시킨다.

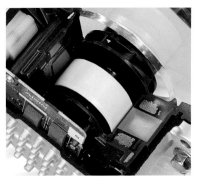

공랭되는 알루미늄 히트 싱크(냉각용 방열기: heat sink)에 닿는 방열 젤 시트(gel sheet)가 서멀비아(Thermal Via)를 통해 파워 소자를 냉각하는 구조이죠. 젤 시트는 히트 싱크에 닿아 있다. 냉각을 살짝 시켜줌으로써, 일반적인 프린트 기판의 사용이 가능해졌다.

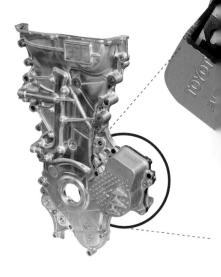

전 세계의 물에 대응할 수 있도록, 부식에 약한 모터 마그넷은 수지 2색 성형으로 완전히 몰드화(하얗게 보이는 부분)하였다. 모터는 편평 무브러시 형식이다.

포인트가 된 전동 물펌프의 개발을 담당한 것은, 아이신 정기이다. 실제로 전동 물펌프의 개발은 이전부터 해오고 있었다.

「프리우스에 관해서는, 처음부터 이 차를 위한 것이라고 생각하고 개발을 진행해 왔습니다. 전동 물펌프로 엔진 냉각을 하려고 한 것은, 2000년경부터 개발을 진행하고 있었습니다.」라고 개발을 담당해 왔던 다나카 마사야씨는 전한다.

개발은 간단하지 않았다고 한다. 「신형은 냉각계가 크게 변화되었습니다. EGR 쿨러가 장착되었고, 배기열 회수장치도 있습니다. 그리고 2세대는 기계식 물펌프였습니다. 이래서는 엔진 정지 시에 펌프가 작동하지 않기 때문에 히터 기능을 위해 소형의 전동 펌프를 1개 장착하고 있었습니다. 이번에는 2개였던 것을 하나로 줄이려는 목적도 있었던 겁니다.

어쨌든 냉각계통 전체를 고려해 개발하지 않으면 안 되는 것이죠.」라고 말하는 오노자와씨는 장치 전체를 보살피는 역할이었다. 개발 초기에는 매주 토요타나 다른 공급자까지 포함한 「냉각그룹」을 만들어 정보교환을 했다고 한다.

이전의 기계식 물펌프 유량은 엔진 회전수에 의존한다. 그래서 우선 냉각계통으로써 최악의 조건인 저속회전에서 고부하시(언덕길 주행 등의 경우)의 펌프 유량을 정하지만, 그렇게 되면 고속회전에서 부하가 낮을 때는 불필요한 유량이 냉각경로를 통해 흐르게 된다. 이에 대해 전동 물펌프의 경우는, 유량 설정은 엔진 작동상태와 관계없이 자유롭게 할 수 있다. 전동화로 펌프의 다운사이징이 가능한 것이다.

「처음에는 잘 몰랐기 때문에 기계식과 비슷한 정도로 하자는 이야기를 시작했습니다. 그러자 500W급의 펌프가 필요해 졌습니다. 당연히 12V 배터리에서는 전원을 빼내지 못하였죠. 그럼 하이브리드 배터리에서 빼낼까하고 검토했더니 그것은 "기본적인 모습"과 달라지는 문제가 있었습니다.」라며 개발의 어려움을 이시구로씨가 말했다.

최종적으로는 최대 유량 80ℓ/m, 12V 전원으로 입

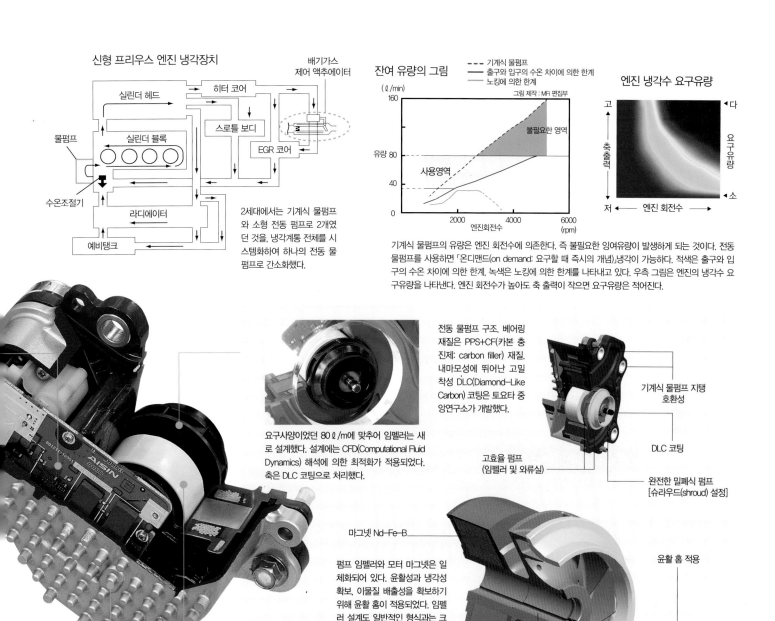

신형 프리우스 엔진 냉각장치

히터 코어
실린더 헤드
스로틀 보디
실린더 블록
물펌프
EGR 코어
수온조절기
라디에이터
예비탱크

배기가스 제어 액추에이터

2세대에서는 기계식 물펌프와 소형 전동 펌프로 2개였던 것을, 냉각계통 전체를 시스템화하여 하나의 전동 물펌프로 간소화했다.

잔여 유량의 그림

(ℓ/min)

--- 기계식 물펌프
— 출구와 입구의 수온 차이에 의한 한계
— 노킹에 의한 한계

그림 제작 : MFi 편집부

불필요한 영역
유량 80
사용영역

엔진회전수 (rpm)

엔진 냉각수 요구유량

고 ← 축출력 → 저
엔진 회전수 →
대 ← 요구유량 → 소

기계식 물펌프의 유량은 엔진 회전수에 의존한다. 즉 불필요한 잉여유량이 발생하게 되는 것이다. 전동 물펌프를 사용하면 「온디맨드(on demand: 요구할 때 즉시의 개념),냉각이 가능하다. 적색은 출구와 입구의 수온 차이에 의한 한계, 녹색은 노킹에 의한 한계를 나타내고 있다. 우측 그림은 엔진의 냉각수 요구유량을 나타낸다. 엔진 회전수가 높아도 축 출력이 작으면 요구유량은 적어진다.

전동 물펌프 구조. 베어링 재질은 PPS+CF(카본 충진제: carbon filler) 재질. 내마모성에 뛰어난 고밀착성 DLC(Diamond−Like Carbon) 코팅은 토요타 중앙연구소가 개발했다.

요구사양이었던 80 ℓ/m에 맞추어 임펠러는 새로 설계했다. 설계에는 CFD(Computational Fluid Dynamics) 해석에 의한 최적화가 적용되었다. 축은 DLC 코팅으로 처리했다.

기계식 물펌프 지탱 호환성

DLC 코팅

완전한 밀폐식 펌프 [슈라우드(shroud) 설정]

고효율 펌프 (임펠러 및 와류실)

마그넷 Nd−Fe−B

펌프 임펠러와 모터 마그넷은 일체화되어 있다. 윤활성과 냉각성 확보, 이물질 배출성을 확보하기 위해 윤활 홈이 적용되었다. 임펠러 설계도 일반적인 형식과는 크게 다른 슈라우드(shroud) 설정으로 되어 있다.

윤활 홈 적용

2색 성형에 의한 방청

수중 슬라이드 축받이

력하는 160W의 펌프로 결정되었지만, 개발 과정에서는 회로와 모터, 펌프 등 각 부문 간의 협업이 필수적이었다. 「각각의 베스트 부문이 제품으로서도 최고가 되리란 보장은 없습니다. 제작사가 일부 양보해서라도 운전자는 저렴한 쪽을 선택하게 해야한다는 조정이 중요했습니다. 예를 들어, 모터는 모터의 "기본적인 모습"이 있어야 한다고 하면 이런 형태로는 안 되는 것이죠. 그래도, 최종적으로 최고의 전동 물펌프를 만들기 위해서는, 이 모터가 아니면 성립되지 않습니다.」(다나카씨)

모터도, 경량화와 낮은 비용을 위한 새로운 기축이 만재해 있다. 베어링의 내마모성·녹방지성을 확보하기 위해서 축과 스러스트 와셔에 DLC(Diamond−Like Carbon) 코팅으로 처리했다. 「가혹한 냉각수 환경」이라고 썼지만, 전 세계에서 판매되는 프리우스인 만큼, 개발진은 전 세계의 물을 모아서 시험했다. 냉각수도 지역에 따라 염소농도가 다를 뿐만 아니라 다양하다고 한다.

소형·경량화하면서 낮은 비용을 실현해야만 하는 전동 물펌프의 개발에서 높은 허들을 뛰어넘은 지금, 엔지니어들은 그래도 「해야만 하는 압박」이 있다고 웃었다. 부문이 겹쳐지는 개발에서, 엔지니어끼리의 대화가 늘어난 것은, 앞으로의 개발에도 큰 힘이 될 것이라고 한다.

다나카 마사야
아이신정기 주식회사 기관계기술부 전동펌프그룹 그룹매니저

이시구로 미키히사
아이신정기 주식회사 기관계기술부 전동펌프그룹 팀리더

오노자와 사토루
아이신정기 주식회사 기관계기술부 기획개발 Gr.개발제 2T 담당원

17

PCU(파워 컨트롤 유닛)

체격 37%, 질량 36%의 소형 · 경량화를 실현한 제3세대 파워 컨트롤 유닛

PCU(파워 컨트롤 유닛)는 하이브리드의 주요 장치이다. 3세대 프리우스에서는 성능을 올리면서, 크기를 작게 하는데 성공했다.

글: 카와바타 유미 · 그림: 쿠마가이 토시나오

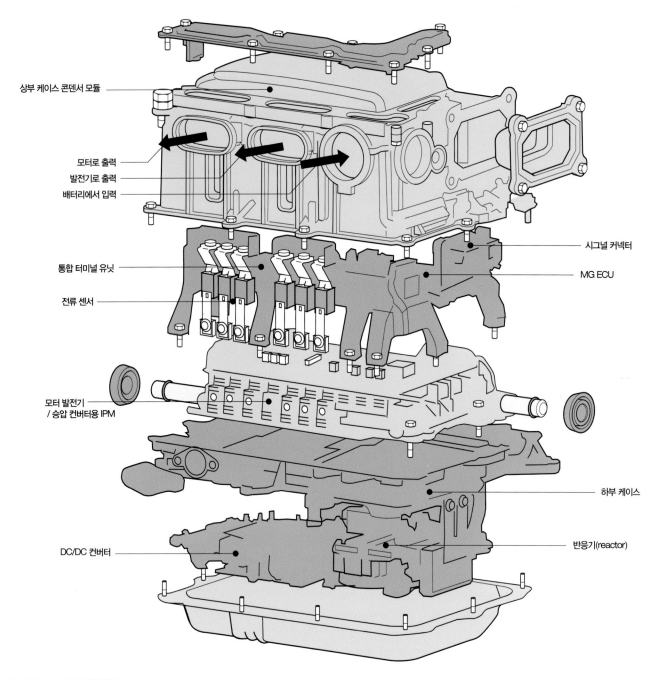

상부 케이스 콘덴서 모듈

모터로 출력
발전기로 출력
배터리에서 입력

시그널 커넥터

통합 터미널 유닛

MG ECU

전류 센서

모터 발전기
/ 승압 컨버터용 IPM

하부 케이스

DC/DC 컨버터

반응기(reactor)

▶ 부품수의 절감으로 생산성을 향상

프리우스의 파워 컨트롤 유닛 구조도. 터미널 커버를 벗기면, 인터록 스위치가 꺼지게 되어 완전히 전력이 차단된다. 그 밑에는 콘덴서, 모터 제어용 ECU, 주행/승압용 IPM(Intelligent Power Module) 순으로 겹쳐 있다. 또 그 밑으로는 DC/DC 컨버터, 반응기(reactor)가 장착되어 있다. 파워 컨트롤 유닛은 엔진의 냉각설비와는 별도로 독립된 냉각기구가 설정되어 있어서 주행/승압용 IPM을 직접 냉각함으로써 방열성을 높이고 있다. 그 결과, 파워 컨트롤 유닛은 기존의 12V 납 배터리 정도의 크기로 만들 수 있었다.

전통적인 엔진 차량과 비교해 하이브리드 차량에서는 엔진실이나 짐칸의 공간이 한정적이기 때문에, 파워 컨트롤 유닛의 소형화는 중요한 과제이다. 초대에 비해 2세대는 20%, 3세대는 36%의 소형화에 성공했다.

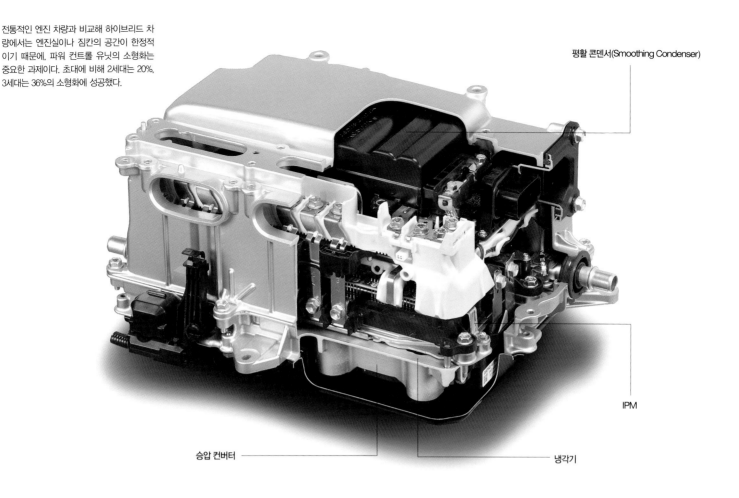

평활 콘덴서(Smoothing Condenser)

IPM

승압 컨버터

냉각기

▶ 신구 PCU 사양

		2세대 프리우스	3세대 프리우스
최대 총합출력	kVA	162	178
최대 승압전력	V	500	650
모터 최대전류	Arms	230	170
주요 구성품		승압 컨버터	승압 컨버터
		발전기용 인버터	발전기용 인버터
		모터용 인버터	모터용 인버터
		DC/DC 컨버터	AC 인버터
중량	kg	21	13.5
용적	liter	17.7	11.2

2세대와 3세대의 파워 컨트롤 유닛 사양을 비교하면, 기존의 500V에서 650V로 고압화함으로써, 전류치를 낮추면서도 출력은 178kVA로 높아졌다는 것을 알 수 있다. 또한 중량이 1.5kg 증가하였지만, 용적에서는 기존의 17.7ℓ에서 11.2ℓ로 36% 작아졌다.

▶ 경량 · 소형화를 달성

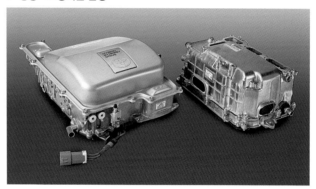

왼쪽이 2세대 프리우스에 탑재된 파워 컨트롤 유닛. 엔진실을 열면, 엔진 위쪽의 상당히 두드러진 위치에 탑재되어 있었다. 이에 비해 오른쪽의 3세대 프리우스에서는 상당히 콤팩트한 12V 납 배터리 정도의 크기로 만들어져, 공간 활용에 크게 공헌했다.

프리우스의 하이브리드 기구에서 포인트가 되는 부품이지만 의외로 그 중요성을 주목받지 못한 것이 파워 컨트롤 유닛이다.

가장 큰 역할을 담당하는 것이 그 내부에 탑재된 파워 소자(IGBT=Insulated Gate Bipolar Transistor)이다. 프리우스의 파워 컨트롤 유닛 안의 하이브리드 기구의 지령을 받은 MG ECU에서 다시 지령을 받아 전압을 승강하거나, 주행상태에 맞게 모터나 발전을 제어하는 등, 하이브리드 차량의 핵심적인 부분의 제어에 폭넓게 사용되고 있다.

구성면에서 크게 나누자면, 배터리에서 출력되는 직류 전류로부터 유사하게 교류를 만들어 모터 구동용으로 변환하는 인버터, 기존의 자동차와 마찬가지로 보조기기류를 움직여 12V계로 강압하는 DC/DC 컨버터, 전원전압을 직류 201.6V에서 직류 그대로 최대 650V까지 승압하는 승압 컨버터, 그리고 이것들을 제어하는 ECU로 구성된다. 초대와 비교해 2세대에는 파워 컨트롤 유닛 전체에서 20%의 소형화가 달성되었지만, 3세대에는 더 나아가 36%의 소형화에 성공했다. 사실은, 인버터에 의해 전압을 높임으로써 낮은 전류 값에서 같은 출력을 발휘할 수 있기 때문에, 전력의 절약이 가능해진 것이다. 또한 다음에 설명하는 모터의 소형화에도 한 부분을 담당한다.

언뜻 보면 복잡하지만, 전력의 움직임에 맞춰서 파워 컨트롤 유닛의 움직임을 살펴보면 쉽게 알 수 있다. 프리우스가 주행할 때의 출력 흐름에는 몇 가지 형태가 있다. 예를 들면 니켈수소 배터리에 저장된 전력으로 모터를 구동시켜 달릴 때에는, 배터리에 저장된 직류전류를 승압회로로 승압한 후, 인버터에서 교류로 변환시킨다. 그리고 12V계에 사용하기 위해 전압을 낮출 때에는, 그 반대가 된다. 발전용 모터나 회생 시에 발생하는 전류는 교류이기 때문에, 인버터에서 승압하면 그대로 구동용으로 사용할 수 있다. 이런 전압의 승강이나 직류와 교류의 교환에 있어서, IGBT(Insulated Gate Bipolar Transistor)는 스위칭 소자로서 큰 역할을 담당하고 있는 것이다.

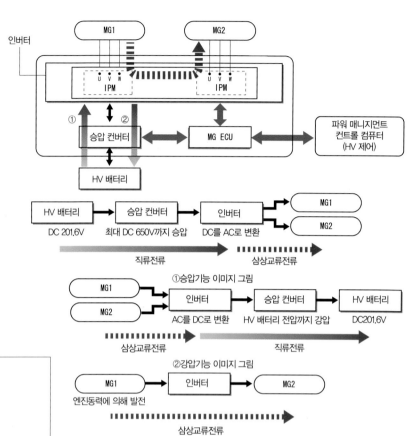

▶ 직류전압을 삼상교류 전압으로 변환

가전 등으로도 익숙하지만, 니켈수소 배터리에 저장된 전력은 직류로써 출력되기 때문에, 모터를 구동하려면 교류로 변환할 필요가 있다. 그림에서 볼 수 있듯이 프리우스는 일단 승압회로로 650V까지 전압을 높인 후, 인버터에서 교류로 변환된다. 이들 전력은, 주행용 IPM에 의해 제어된다. 반대로 강압할 때에는, 모터에서 발전된 교류를 직류로 변환해 강압함으로써 12V계통에 보낸다. 또한 발전용 모터를 사용해 엔진으로부터의 출력으로 발전할 때에는 인버터를 매개로 승압하여, 직접 구동용 모터에 교류전류를 전달한다.

PCU 장치 그림

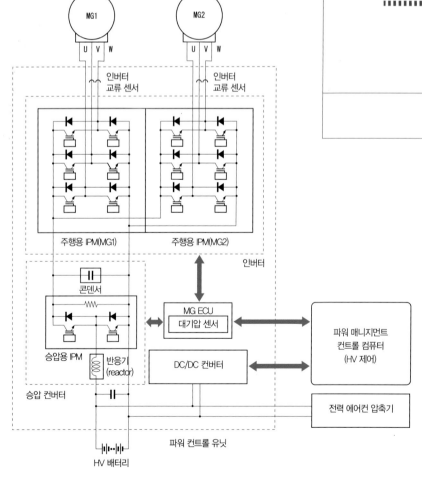

▶ 대기압 센서를 사용

인버터의 역할은 크게 세가지로 나눌 수 있다. 하이브리드 기구의 파워 매니지먼트 컨트롤 컴퓨터로부터의 지령을 받아 MG ECU에 의해 배터리에서의 직류전류를, 모터를 구동하는 교류전류로 변환하는 것과 엔진으로부터의 출력이나 회생에 의해 모터에서 발전한 교류전류를 충전용 직류로 변환하는 것, 그리고 주행상태에 맞춰 발전용 모터에서 발전한 교류전류를 직접 구동용 모터로 전력으로써 공급하는 것이다. 인버터 안의 전류센서, 온도센서, 대기압 센서는 인버터와 승압 컨버터 제어를 최적화하기 위해 설치되어 있는 것이다.

승압 컨버터의 작동원리

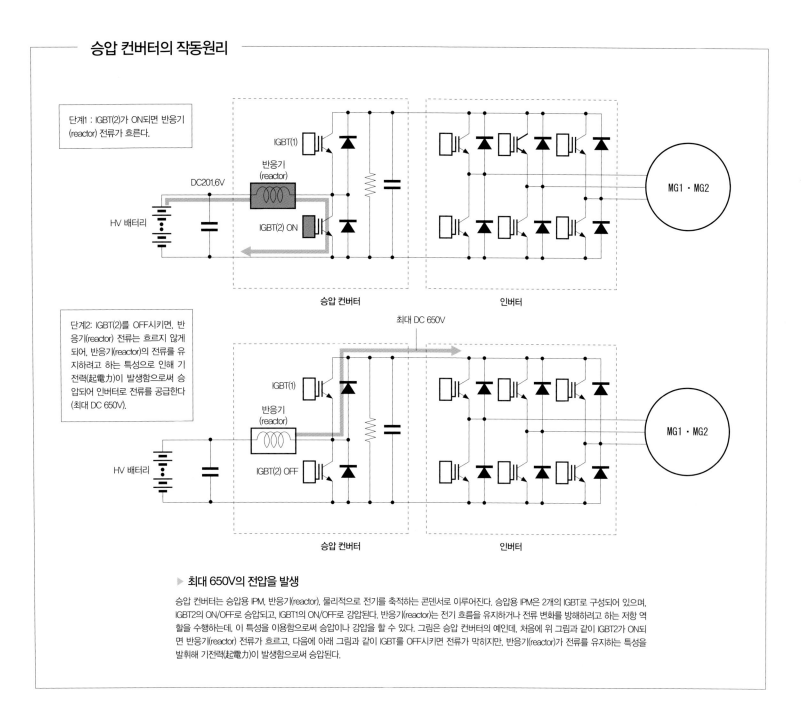

단계1 : IGBT(2)가 ON되면 반응기 (reactor) 전류가 흐른다.

IGBT(1)

반응기 (reactor)

DC201.6V

HV 배터리

IGBT(2) ON

MG1 · MG2

승압 컨버터

인버터

단계2: IGBT(2)를 OFF시키면, 반응기(reactor) 전류는 흐르지 않게 되어, 반응기(reactor)의 전류를 유지하려고 하는 특성으로 인해 기전력(起電力)이 발생함으로써 승압되어 인버터로 전류를 공급한다 (최대 DC 650V).

최대 DC 650V

IGBT(1)

반응기 (reactor)

HV 배터리

IGBT(2) OFF

MG1 · MG2

승압 컨버터

인버터

▶ 최대 650V의 전압을 발생

승압 컨버터는 승압용 IPM, 반응기(reactor), 물리적으로 전기를 축적하는 콘덴서로 이루어진다. 승압용 IPM은 2개의 IGBT로 구성되어 있으며, IGBT2의 ON/OFF로 승압되고, IGBT1의 ON/OFF로 강압된다. 반응기(reactor)는 전기 흐름을 유지하거나 전류 변화를 방해하려고 하는 저항 역할을 수행하는데, 이 특성을 이용함으로써 승압이나 강압을 할 수 있다. 그림은 승압 컨버터의 예인데, 처음에 위 그림과 같이 IGBT2가 ON되면 반응기(reactor) 전류가 흐르고, 다음에 아래 그림과 같이 IGBT를 OFF시키면 전류가 막히지만, 반응기(reactor)가 전류를 유지하는 특성을 발휘해 기전력(起電力)이 발생함으로써 승압된다.

인텔리전트 파워 모듈(IPM)

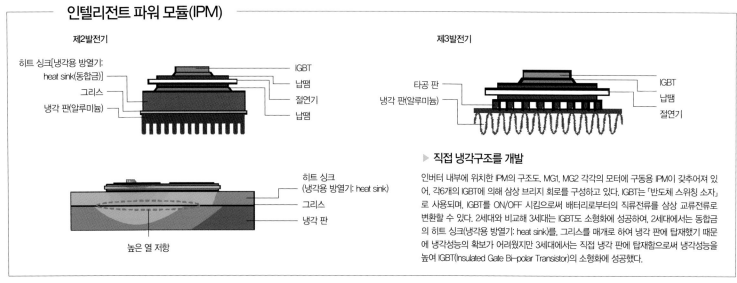

제2발전기

히트 싱크[냉각용 방열기: heat sink(동합금)]
그리스
냉각 판(알루미늄)

IGBT
납땜
절연기
납땜

히트 싱크 (냉각용 방열기: heat sink)
그리스
냉각 판

높은 열 저항

제3발전기

타공 판
냉각 판(알루미늄)

IGBT
납땜
절연기

▶ 직접 냉각구조를 개발

인버터 내부에 위치한 IPM의 구조도, MG1, MG2 각각의 모터에 구동용 IPM이 갖추어져 있어, 각6개의 IGBT에 의해 삼상 브리지 회로를 구성하고 있다. IGBT는 「반도체 스위칭 소자」로 사용되며, IGBT를 ON/OFF 시킴으로써 배터리로부터의 직류전류를 삼상 교류전류로 변환할 수 있다. 2세대와 비교해 3세대는 IGBT도 소형화에 성공하여, 2세대에서는 동합금의 히트 싱크(냉각용 방열기: heat sink)를, 그리스를 매개로 하여 냉각 판에 탑재했기 때문에 냉각성능의 확보가 어려웠지만 3세대에서는 직접 냉각 판에 탑재함으로써 냉각성능을 높여 IGBT(Insulated Gate Bi-polar Transistor)의 소형화에 성공했다.

◉ 절연기판의 개발

플레이트 형상	구멍 있음	구멍 없음
열전달	IGBTs	IGBTs
뒤틀림 진폭		

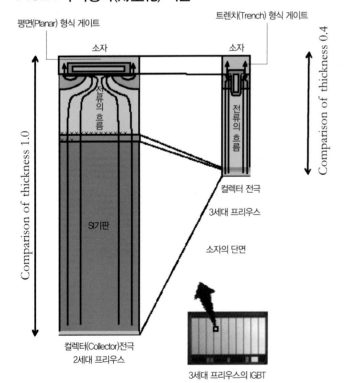

▶ **냉각효율을 30% 개선**

IGBT를 탑재한 알루미늄제 냉각 판에 구멍을 뚫어 형상화 함으로써 열전달을 높여 냉각효율을 30%나 향상시켰다. 이로 인해 소자가 소형화되었다. 형상 개선으로 비틀림 진폭을 줄이고, 소성피로도 방지하고 있다.

◉ MG용 IPM과 승압 컨버터용 IPM을 일체화

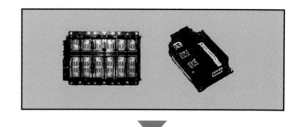

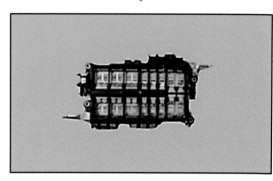

▶ **경량화 · 저비용을 추진**

선대까지는 별도의 부품이었던 모터용 IPM과 승압 컨버터를 일체화함으로써, 경량화 · 저비용을 도모했다. 큰 전류를 흘리기 때문에, 소자를 집적했을 때의 냉각효율도 중시된다.

◉ IGBT의 박형화(薄型化) 기술

평면(Planar) 형식 게이트
트렌치(Trench) 형식 게이트
소자
소자
전류의 흐름
전류의 흐름
Comparison of thickness 1.0
Comparison of thickness 0.4
Si기판
컬렉터 전극
3세대 프리우스
소자의 단면
컬렉터(Collector)전극
2세대 프리우스
3세대 프리우스의 IGBT

▶ **제2세대 IGBT보다 60% 박형화**

IGBT 자체의 박형화에도 성공하고 있다. 왼쪽 2세대 프리우스(Prius)의 컬렉터 전극 두께를 1로 치면, 3세대 프리우스에서는 0.4까지 얇게 하는데 성공한 것이다. 선대에서 채용했던 플레이너 형식 게이트는, 그 이름대로 평평한 기판 위에 게이트 전극이 탑재된다. 한편 3세대에서 채용한 트렌치 형식 게이트는, 「홈」이라는 의미에서 알 수 있듯이 실리콘 기판의 홈에 게이트 전극이 조합된다. 플레이너 형식 쪽이 IC로서 집적하는 구조를 갖고 있긴 하지만, 트렌치 형식 쪽이 셀 면적을 축소할 수 있다.

◉ 정숙성 향상

2세대 프리우스 (Corestouched the case directly)

3세대 프리우스 (Floating structure)

진동지수

전류(Ade 9)

▶ **플로팅 구조로 진동을 차단**

기존의 IGBT에서는, 코일 주위를 둘러싼 코어가 직접 케이스에 접촉되어 있는 구조로 되어 있었지만, 3세대 프리우스에서는 실리콘 기반에 대해 코어가 떠있는 듯한 상태가 되는 플로팅 구조를 채용했다. 기존의 구조로는, 전류량을 늘리면 그에 따라 진동도 커지는데, 이번 플로팅 구조에서는 전류치를 늘려도 진동이 그다지 커지지 않는다. 그 결과로 정숙성이 향상되었다.

◉ 콘덴서 모듈

체적 33%, 질량 40% 절감

콘덴서는 물리적으로 전위차를 확보하기 위해 어느 정도의 공간이 필요하기 때문에, 소형화가 어려운 부품 중 하나이다. 초대 알루미늄 콘덴서부터 2세대에서는 필름 콘덴서를 사용해 소형화하였고, 3세대에는 더욱 줄여 체적 33%, 중량 40%의 소형 · 경량화에 성공했다. 콘덴서에서 직류전류는 통하지 않지만, 고주파 교류전류는 잘 통한다.

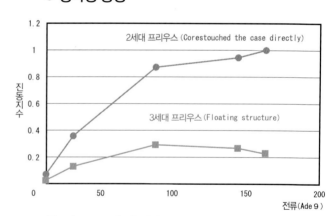

18 PCU의 소형경량화는 IGBT의 직접 냉각이 관건

하이브리드 장치의 진화에는, IGBT의 직접 냉각구조가 주효했다.
초대 프리우스 이래, 개발에 관여해온 다카오카씨에게 이번 프로젝트의 돌파구(breakthrough)에 대해 물었다.

글: 세라 코타 · 사진: 스미요시 미치히토 / TOYOTA

파워 컨트롤 유닛(PCU)의 소형 · 경량화에 크게 공헌해 온 것이, 파워 반도체인 스위칭소자(IGBT)의 직접 냉각구조이다.

「기존의 냉각구조는, 가장 냉각하고 싶은 IGBT 바로 아래에 방석같은 형태로 히트 싱크(냉각용 방열기: heat sink)를 두고, 또 그 밑에 냉각기를 설치해 냉각해 왔습니다. 이 히트 싱크(냉각용 방열기: heat sink)가 IGBT(Insulated Gate Bi-polar Transistor)와 알루미늄 냉각기의 열팽창 비를 흡수하는 완충재로서 기능해 왔던 것인데, 역으로 그 완충재가 있었기 때문에 냉각효율이 나빠졌습니다. 나아가 결과적으로 장치가 커지거나, 가격이 높아지기 때문에 그 방석을 치우려고 하게 된 것이죠.」 이렇게 설명하는 사람은 초대 프리우스 이래 하이브리드 장치 개발에 관여해 온 다카오카 토시부미씨이다.

「IGBT를 직접 냉각할 수 있는 구조로 만든 것이 큰 변화입니다. 결과적으로 냉각효율이 좋아졌고, IGBT의 소형화, 나아가서는 PCU의 소형화로 이어졌습니다.」

오랜 기간을 걸쳐 연구한 기술이 작고, 가볍고, 효율적이어야 한다는 목표에 일치해 빛을 보게 된 것이다.

「연구개발은 오랫동안 해 왔습니다. IGBT에는, 높은 전압에서 심지어 큰 전류를 흘리기 때문에 열을 어떻게 제거할 것인지, 냉각을 어떻게 할 것인지가 중요한 요소입니다. 그것을 이번에는 직접 냉각하는 방법으로 돌파구를 찾아내 소형화로 연결시킨 겁니다.」

승압전압을 500V에서 650V로 높인 것도 중요한 요소라고 다카오카씨는 강조한다.

「모터 파워는 전압×전류로 결정됩니다. 200볼트의 배터리 전압은 동일하지만, 승압전압을 500볼트에서 650볼트로 높이면, 흐르는 전류는 작아도 되죠. 즉, IGBT로 흘리는 전류가 작아지기 때문에, 소자를 더 소형 · 경량화할 수 있는 겁니다. 직접 냉각구조와 더불어 승압전압을 높인 것이, 인버터의 주요 기술입니다.」

한편으로 전압을 높이면 나빠지는 기능도 있다. 모터의 절연내압이다. 모터를 구성하는 코일의 절연성능은 기압이 낮아짐에 따라 저하된다. 그 때문에, 이전에

는 고지에서 모터에 부담을 주지 않도록, 평지에서도 사전에 승압전압을 억제해 사용했었다. 신형은 대기압 센서를 사용해 이 문제를 해결하였는데, 기압에 맞추어 승압전압을 조절하는 것이 가능해져서 효율을 높일 수 있었다.

「기압이 내려가면 내려갈수록, 다시 말하면 고지로 가면 갈수록 절연성능은 떨어지게 됩니다. 고지에 맞춰 전압을 설정하면 상당히 효율이 나빠지기 때문에, 그 부분을 관리하기 위해 가변제어를 적용했습니다.」

작은 부품이지만, 인버터의 고성능화와 고지에서의 모터 보호에 한 부분을 담당하고 있다.

다카오카 토시부미
토요타 자동차 주식회사
제2기술개발본부
HV 장치 개발총괄부
HV 장치 개발실장

19

MOTOR GENERATOR 모터 발전기

MG1은 집중 권선을 채용
MG2는 고회전화로 소형 · 경량화

THS II 에는 MG1, MG2라는 2개의 모터가 사용된다. 2개의 모터는 작고 가벼우면서도, 큰 진화를 거듭했다.

글: 카와바타 유미 · 사진: 세라 코타 / TOYOTA

모터 발전기1(MG1)

2nd Gen.

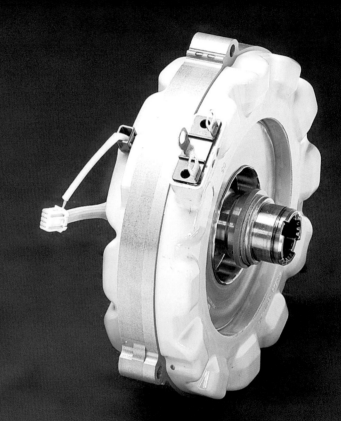

3nd Gen.

MG1 사양

계통 전압	650V
냉각방식	수랭식

발전용으로 사용되는 「MG1」은, 회전특성을 중시하지 않기 때문에 콤팩트해야 한다는 것이 지상과제였다. 세대를 지나올 때마다 크기가 작아져 온 것은 한눈에 알 수 있는데, 2세대에 비해 3세대에서는 집중권선이라고 불리는 수법을 사용함으로서, 코일 엔드(Coil End)가 콤팩트해져 깔끔하게 정리되었음을 알 수 있다.

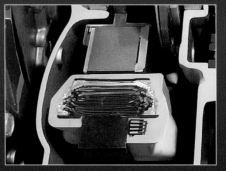

안쪽이 영구자석인 로터, 바깥쪽이 금속으로 코일을 감은 스테이터이다. 분할 코어를 사용함으로서 IMP(영구자석을 로터내부에 매립하는 매립자석: Interior Permanent Magnet) 모터로도 집중권선에 성공했다.

프리우스의 하이브리드 기구 「THS II」에는, 「MG1」 「MG2」라고 불리는 2개의 모터가 장착된다. 엔진에 가까운 「MG1」은 발전용으로 사용하고 있으며, 동력분할 기구와 감속 기어 등 2 세트의 유성기어를 끼워서 구동용 「MG2」가 이루어진다. 한마디로, 모터라고 해도 출력을 받아서 발전하는 「MG1」과 전력을 구동력으로 바꾸는 「MG2」는 서로 다른 특성이 요구되는 것이다.

먼저 간단하게 모터 구조에 대해 설명하기로 한다. 프리우스에 사용되는 DC 무브러시 모터는 크게 로터와 스테이터로 나눈다. 안쪽에 있는 로터는 네오디뮴자석을 사용한 콤팩트한 영구자석이 사용되며, 스테이터

로 불리는 부품으로 에나멜 피복의 구리선으로 묶여진 코일에 전기를 흘리면 자장을 발생시켜 구동력으로 사용한다. 반대로, 운동 에너지를 받아 발생한 자장으로 발전하는 것도 가능하다. 로터 설계와 코일 권선방법으로 모터 특성이 결정된다고 해도 과언이 아니다.

코일을 만들 때의 구리선을 감는 방법에는 몇 가지 종류가 있는데, 소형화에는 집중권선, 회전특성을 중시하는 경우에는 분포 권선이라 불리는 제조방법이 적합하다. 발전용으로 사용하는 「MG1」의 경우, 회전특성을 중시할 필요는 없어 분할 코어에 집중권선을 적용함으로써 콤팩트한 설계로 만들었다. 다른 하나인 「MG2」는

구동용으로 사용하기 때문에, 매끄러운 회전특성과 출력특성이 중시된다. 모터를 크게 하면 간단히 고출력을 얻을 수 있지만, 하이브리드 기구 전체로 보자면 소형화에 반대되기 때문에 크기를 함부로 확대할 수 없었다. 초대 프리우스에서는 모터를 수랭식으로 냉각시켰지만, 2세대에서는 유성기어의 링 기어로 오일을 뿌려 모터를 강제적으로 냉각하고 있다. 3세대에서는 오일 흐름을 시뮬레이션해서 정류판 추가로만 냉각을 할 수 있게 되어, 고출력을 내면서도 소형화가 가능했다. 나아가 모터를 고회전화시킴으로서 트랜스액슬이 전체적으로 20kg이나 경량화 되었다.

모터 발전기2(MG2)

2nd Gen.

3nd Gen.

MG2 사양

계통 전압	650V
최대출력	60kW
최대토크	207N · m
냉각방식	공랭식

발전용으로 사용하는 「MG2」는, 최고출력이 60kW로 향상되었지만 최대 토크를 낮춘 소형 · 경량 모터로 개발되었다. 대형화를 피하면서도, 고회전형 모터로 완성함으로써 출력을 높이고, 토크가 부족한 부분은 감속 기어로 감속시킴으로써 커버하고 있다.

「MG2」도 로터와 스테이터의 조합으로 이루어진다. DC 무브러시 모터로는 일반적인 분포권선을 적용하고 있어, 「MG1」과는 단면이 다르다.

20

HV 배터리

니켈수소 배터리를 답습, 내부 부품의 최적 배치로 짐칸 용량을 확대

3세대 프리우스(Prius)도 하이브리드 배터리로는 니켈수소 배터리를 탑재한다.
비용—성능 면에서 뛰어난 니켈수소 배터리를 프리우스는 어떻게 사용하고 있을까?

글: 카와바타 유미 · 사진: 스미요시 미치히토 / TOYOTA

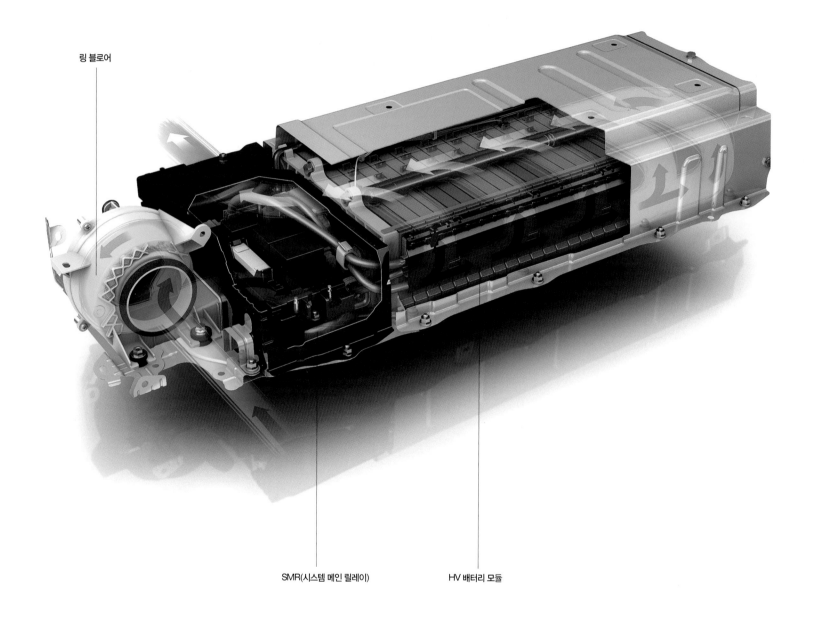

링 블로어

SMR(시스템 메인 릴레이)

HV 배터리 모듈

뒷좌석 후방의 짐칸 내부에 탑재되는 프리우스의 니켈수소 배터리. 그림 우측에는, 168개의 셀이 6개의 버스
바(배선용 재료 중 하나로 절연피복을 하지 않은 동(銅) 또는 알루미늄의 판상태의 도체: bus bar) 모듈로 나
뉘어 탑재되어 있다. 배터리의 SOC 값을 감시하는 센서로 얻은 정보가 블로어(Blower)와 배터리 사이에 있
는 배터리감시 유닛으로 보내져 온도를 감시하면서, 필요에 맞게 왼쪽에 있는 시로코 팬(다수의 짧은 전방
만곡형(彎曲形) 날개를 가진 팬: Siroco Fan)을 포함하는 블로어를 가동시켜 냉각한다.

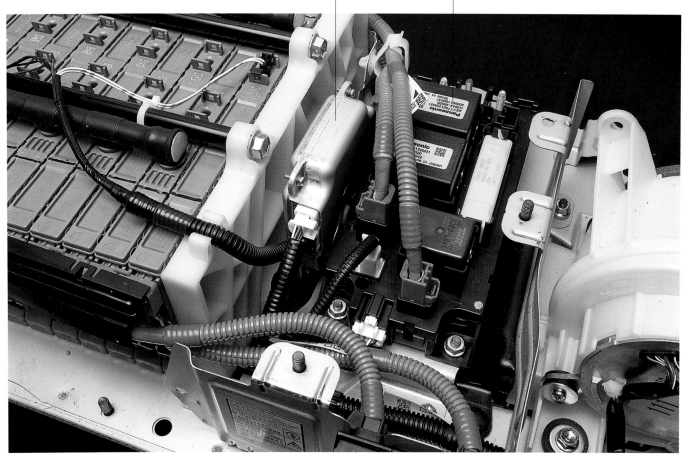

배터리 감시 유닛(전압센서)　　　　SMR

왼쪽 페이지 그림에서, 배터리와 블로어 사이에 있는 「배터리 감시 유닛」을 확대한 사진. 배터리 모듈 위에 3개, 배터리 모듈과 블로어 사이에 있는 닥트에 1개를 설치하여 합계 4개의 온도센서가 있으며, 전류 센서는 배터리 양극(+) 쪽에 배치되어 있다. 정보를 바탕으로 온도센서에서 배터리의 냉각을 제어하여, 전류센서로 흘러간 전류에 비례하는 전력을 배터리 감시 유닛의 IB단자로 출력함으로써, 배터리의 충전 및 방전 상태를 알 수 있다.

뒷자리 후방에 탑재되는 배터리모듈. 모듈을 3개의 블록으로 더 나누면 168개의 셀이 되는데, 블록 사이의 접속을 2군데로 함으로써 내부저항을 줄이고 있다.

셀 탑재방법과 냉각장치의 고효율화로, 배터리 유닛의 소형화에 성공하였다. 선대와 비교해, 짐칸 공간을 차지하는 것을 최소한으로 했다.

배터리냉각을 위한 블로어의 분출구는 뒷자리 옆에 배치되어 있다. 좌석 쪽에 있기 때문에 시로코 팬을 사용하는 등, 정숙성에도 배려를 했다.

신형 프리우스는 리튬이온 배터리를 탑재할지 모른다는 소문도 있었지만, 발표되고 보니 3세대 프리우스는 기존의 니켈수소 배터리를 답습하고 있었다.

분명히 니켈수소 배터리는, 주목하는 정도에서는 리튬이온 배터리에 뒤질지 모르지만 기술적으로 검증해 가면 비용과 성능 그리고 신뢰성의 균형이 높다는 것을 알 수 있다. 가전용으로 사용되는 고밀도형 배터리에 대해 토요타가 채용한 것은 고출력형 배터리이다.

단순히 에너지를 모으기만 하면 되는 것이 아니라 스로틀 개도에 맞춰 짧은 시간에 큰 출력을 방출할 수 있는 특성이 요구된다. 또한, 전기자동차용 배터리에서는 축전한 에너지를 가능한 한 전부 사용하게 되는 경향에 비해 하이브리드용 배터리에서는 충전 및 방전을 되풀이하는데 있어서 수명이 중시된다. 어느 정도의 높은 에너지 밀도를 확보하면서 순식간에 출력을 끌어낼 수가 있어서, 경량뿐만 아니라 오랜 수명이라는 균형을 생각하면, 니켈수소라도 충분히 실용적이고 비용면에서도 우위에 있다.

이번에, 셀 자체가 소형화된 것은 아니지만, 효율이 좋게 냉각하는 탑재방법을 연구함으로써, 배터리팩 전체로서는 소형화에 성공했다.

구체적으로는 1모듈 안에는 1.2V의 셀이 6개 연결되며 이것을 28개씩 묶어서 버스 바(배선용 재료 중 하나로 절연피복을 하지 않은 동 또는 알루미늄의 판상태의 도체: bus bar)로 모듈화해 직렬로 접속하는 구조로 되어 있다. 168개의 셀을 합쳐서 201.6V, 셀 사이의 접속을 두 군데로 함으로써 내부저항을 줄이고 있다.

하이브리드용 배터리는 빈번하게 충전 및 방전이 되풀이되기 때문에, 출력을 제어하는 컴퓨터 유닛으로 배터리의 충전상태를 표시하는 SOC 값을 감시해 적절한 범위 내에서 충전 및 방전이 되풀이 되도록 제어되고 있다. 이렇듯 셀을 탑재하려면 냉각성능이 중요시된다. 프리우스에서는 소형·고출력의 무브러시 모터와 고효율·저소음의 시로코 팬[다수의 짧은 전방 만곡형(彎曲形) 날개를 가진 팬: Siroco Fan]을 채택함으로써 팬을 소형화하고, 블로어 케이스의 내부 형상을 개선함으로써 난기류를 방지해 팬의 고속 회전화를 이루었다. 그 결과, 냉각성능과 정숙성을 양립하고 있다.

21

리튬이온 배터리를 탑재해
2009년 말에 리스형식으로 시장투입

플러그에서 전력을 얻는, 즉 외부전력을 자동차에 저장하여 달리는 하이브리드 차량은,
전기모터로만 달리는 EV(전기자동차)의 특징까지 갖춘 2중 연료(bi-fuel)차로 해석할 수 있다.
시장의 기대는 크지만, 배터리 가격이 극적으로 낮아져야 한다는 점이 보급을 위한 대전제이다.

글: 마키노 시게오 · 사진: TOYOTA

토요타는 HEV(하이브리드 전기자동차) 프리우스의 플러그인(외부충전)화에 대해 신중한 자세를 취해 왔다. 가장 큰 이유는 「어중간하다」란 소리를 듣고 싶지 않아서일 것이다. 필자가 70년 말에 토요타의 플러그인 하이브리드 차량 개발상황을 취재했을 때, 수석 엔지니어는 앰비벌런스(ambivalence)라는 표현을 사용했다. 그것의 의미는 양면 가치(반대 감정 병존: 다른 사람이나 사물, 또는 상황에 대해 서로 반대되는 감정과 태도, 경향성이 동시에 존재하는 것)를 말한다.

당시의 프리우스는 엔진 구동이나 발전을 하기 위해 시동되지 않는 완전 EV(전기자동차) 상태에서는 2km 정도밖에 달릴 수 없었다. 배터리를 더 장착한 시제품인 플러그인 프리우스는 약13km를 EV로서 달릴 수 있었지만 「13km는 너무 짧다」는 판단 하에, 배터리 성능 자체의 향상과 배터리를 효율적으로 사용하는 제어기술 양쪽이 다양하게 시험되고 있던 상황이었다. 「배터리 모터로 30km를 달리면, 이 세상 많은 사람들이 일상에서 사용할 수 있다」라고 수석 엔지니어는 말

했었다.

그러나 배터리만으로 30km를 달리려면, 고가의 리튬이온 배터리[프리우스의 니켈수소 배터리보다 체적당 에너지 밀도가 높다]를 많이 탑재할 필요가 있다. 당연히 그만큼 비용이 올라가 차량가격이 상승한다. 또한 EV로써의 성능을 조금이라도 높이려고 하면 엔진 중량이 방해가 된다. 어떻게 하든 EV로써 단거리밖에 달리지 못한다면, 저렴한 니켈수소 배터리를 사용하는 통상의 HEV로 괜찮지 않나, 이런 결론이 나온다. 이것이 플러그인 HEV에 대한 양가감정이다.

때문에 토요타로서 세상에 최초로 내보내는 플러그인 HEV는, 실패가 절대로 용납되지 않는다. 그래서 신중한 자세를 취하는 것이다. 이런 가운데, 중국의 BYD 오토는 세계 최초의 양산 플러그인 HEV라는 타이틀을 갖게 되었다. BYD는 세계유수의 리튬이온 배터리 제작사이다.

토요타가 플러그인 HEV개발에 착수한 것은 2세대 프리우스 발매 이래 약 1년 뒤인 2004년 가을이었다.

이 당시는 미국전력연구소 등이 간간이 개발하고 있던 정도로, 자동차 제작사가 정식으로 출범한 차는 다임러 크라이슬러의 「스프린터」정도였다. 플러그인 HEV에 일찌감치 주목한 것은 미국의 환경보호단체로, 마침 그때 GM이 EV 양산을 중단하고 시장에 풀렸던 「EV1」을 회수한다고 발표했기 때문에 환경보호단체는 프리우스를 플러그인 HEV로 개조하는 계획에 착수했었다. 토요타는 이 움직임에 반응하지 않았지만, 실제로 개조 키트가 2005년에 시판되어 미국에서는 프리우스를 개조하는 사람들이 등장했다.

2005년이라고 하면 허리케인 카트리나가 맹위를 떨쳐, 멕시코만 주변 정유시설이 타격을 받아 원유가격이 세계적으로 급등하던 해이다. 부시 정권은 다음해 1월에 「신에너지 이니셔티브(Initiative)」를 발표하여, 자동차 분야에서는 플러그인 HEV의 실용화가 강조되었다. 모든 자원을 한꺼번에 전력으로 변환해 그것을 자동차에도 이용하자는 구상이었다. 요지는 가솔린 탱크 외에 「전기탱크」를 갖추어, 될 수 있으면 가솔린을 사용하지 않겠다는 2중 연료(bi-fuel)화이다.

최대의 기술적 과제는 배터리의 성능향상이다. 「어느 일정한 출력을 얼마 정도의 시간에 걸쳐 유지할 수 있는가」라는 에너지 밀도를 보면, 리튬이온은 니켈수소의 약 2배인데, 이 숫자는 더 커진다고 한다. 그러나 체적당 배터리 가격은 2배 이상이어서 더욱이 사용하기가 어렵다. 휴대전화처럼 충전이 다 된, 완충 상태로 방치하면 열화(劣化)가 빠르다.

약 5,000회의 충전 및 방전 사이클이 가능해지면 되지만, 현실적으로는 기껏해야 1,000회 정도이다. 토요타가 리스(lease)형식으로 플러그인 HEV를 도입하려고 하는 배경은 여기에 있다. 배터리 수명과 배터리 가격의 타협이 안 된 것이다.

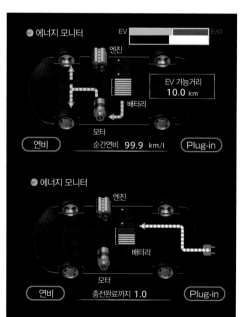

모터 주행 중에도 운전자가 액셀러레이터 페달을 깊이 밟으면 엔진이 시동한다. 외부충전은 90% 정도까지 거의 완전히 충전되는데, 방전 하한은 30% 정도이다. 즉 배터리를 다 써버리면 HEV로써의 주행은 불가능한 것이다.

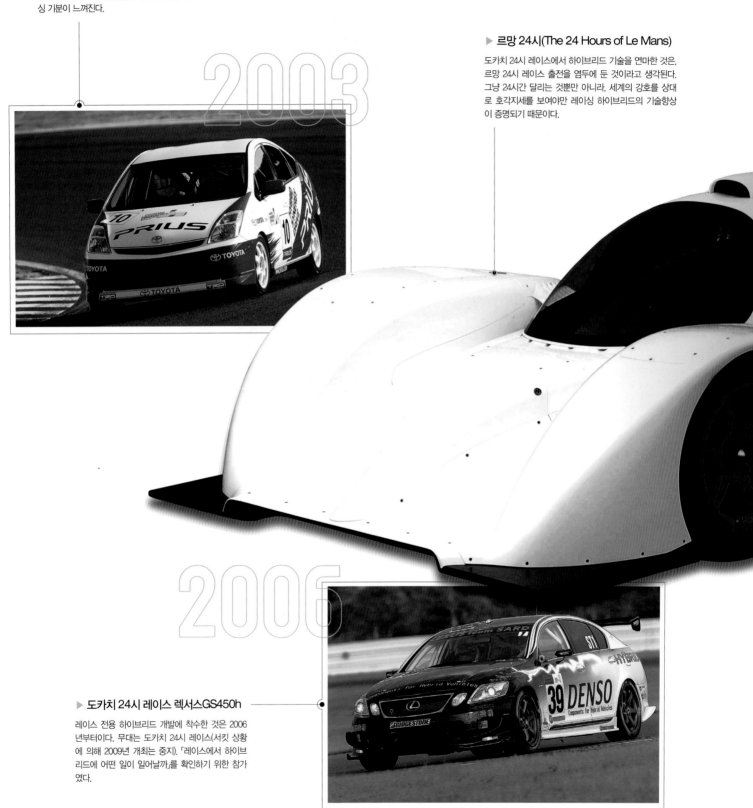

▶ 프리우스 제2차 발전기 시범

원 메이크 레이싱(단일차종 경주: one-make racing)) 참가를 이미지한 시범. 일본에서는 2004년 도쿄 오토 살롱(Tokyo Auto Salon) 등에 전시되었다. 엔진과 모터 출력을 높인 것 외에도 내장(內裝)을 제거하는 등, 나름대로 레이싱 기분이 느껴진다.

▶ 르망 24시(The 24 Hours of Le Mans)

도카치 24시 레이스에서 하이브리드 기술을 연마한 것은, 르망 24시 레이스 출전을 염두에 둔 것이라고 생각된다. 그냥 24시간 달리는 것뿐만 아니라, 세계의 강호를 상대로 호각지세를 보여야만 레이싱 하이브리드의 기술향상이 증명되기 때문이다.

2003

2006

▶ 도카치 24시 레이스 렉서스GS450h

레이스 전용 하이브리드 개발에 착수한 것은 2006년부터이다. 무대는 도카치 24시 레이스(서킷 상황에 의해 2009년 개최는 중지). 「레이스에서 하이브리드에 어떤 일이 일어날까」를 확인하기 위한 참가였다.

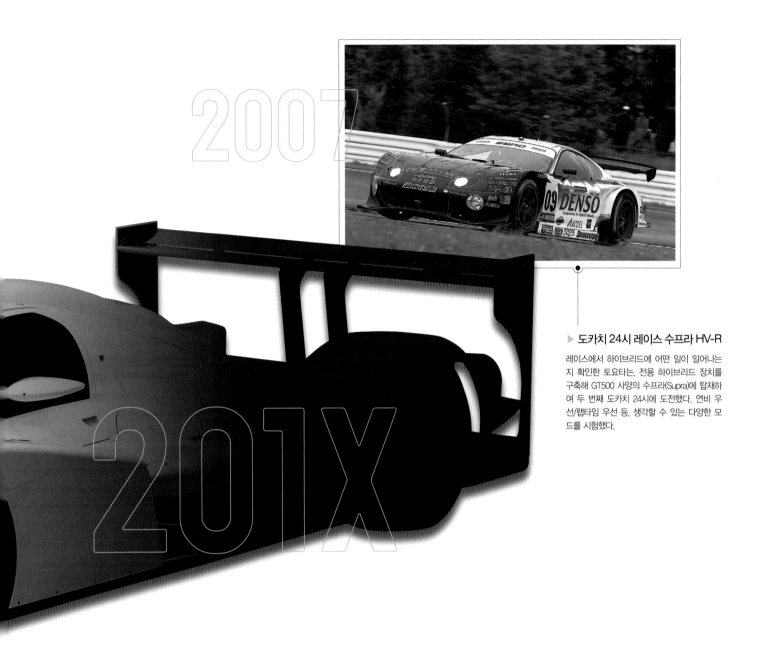

▶ **도카치 24시 레이스 수프라 HV-R**

레이스에서 하이브리드에 어떤 일이 일어나는
지 확인한 토요타는, 전용 하이브리드 장치를
구축해 GT500 사양의 수프라(Supra)에 탑재하
여 두 번째 도카치 24시에 도전했다. 연비 우
선/랩타임 우선 등, 생각할 수 있는 다양한 모
드를 시험했다.

Hybrid Power Package

22

모터스포츠 기술(Motorsport Technology)

하이브리드 레이싱의 가능성

[레이스를 통해 하이브리드 기술을 연마]

현행 하이브리드 차량의 약점은, 고속급감속시의 에너지 회생이다. 이 특이한 조건을 재현하는데 최적의 무대가 있었다.
바로 레이스이다. 가혹한 환경에서 장치 성능을 높이고, 그 기술을 시판 차량에 피드백 한다. 이치에 맞는 활동이 시작되었다.

글: 세라 코타 · 사진: TOYOTA / Citroen / Peugeot / 마츠누마 타케시 / 세라코타 · 그림: 쿠마가이 토시나오

고속급 감속시의 에너지 회생 기술을 연마

[하이브리드 장치 개발부대를 투입한 프로젝트]

저속영역부터 고속영역까지 효율이 높은 하이브리드 장치를 개발하고 싶다. 그런 생각을 실현할 만한 개발 무대로 선택된 것이 레이스였다.
우선은 「레이스에 하이브리드를 접목하면 어떤 일이 생길까」를 확인하기 위해, 시판차량+α 장치로 시작했다.

● 렉서스(Lexus) GS450h 수퍼내구 레이스 참가 차량

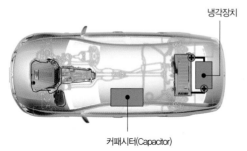

냉각장치

커패시터(Capacitor)

주요 사양

엔진최고출력	218Kw(296PS) / 6400rpm
모터 최고출력	147Kw(200PS)
장치 최고출력	254Kw(345PS)
차량중량	1,550kg 이상(수퍼내구 시리즈 특별 규정중량)
주요 개조	레이스 전용 서스펜션 / 타이어 및 휠 / 롤 케이지(roll cage) / 연료탱크 / 차동장치(LSD) / 브레이크 장치 / 에어로 파츠(aero parts)

도카치 24시 레이스 개최는 2006년 7월 15~17일이었고, 참가 승인이 난 것은 2006년 1월이었다. 렉서스 GS450h 발매(3월)를 기다렸기 때문에, 실질적인 개발기간은 4개월이었다. 그런 이유도 있어서 개조는 최소로 필요한만큼만 하였으며, 양산차량 장치를 기초로 큰 에너지를 순식간에 작동시키는데 적합한 커패시터를 추가한 것이 레이스 사양이었다. 또한 트렁크에 드라이아이스 냉각장치를 설치해 HV 배터리를 냉각시켰다.

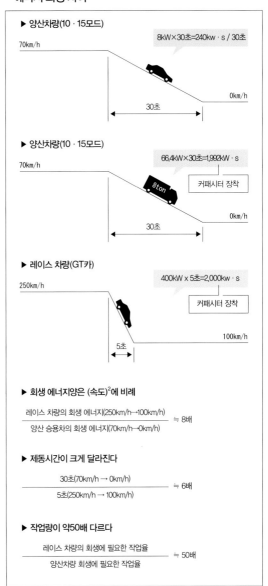

▶ 양산차량(10 · 15모드)

70km/h

8kW×30초=240kw · s / 30초

0km/h

30초

▶ 양산차량(10 · 15모드)

70km/h

66,4kW×30초=1,992kW · s

커패시터 장착

0km/h

30초

▶ 레이스 차량(GT카)

250km/h

400kW x 5초=2,000kw · s

커패시터 장착

100km/h

5초

▶ 회생 에너지양은 (속도)² 에 비례

$$\frac{\text{레이스 차량의 회생 에너지 (250km/h→100km/h)}}{\text{양산 승용차의 회생 에너지 (70km/h→0km/h)}} ≒ 8배$$

▶ 제동시간이 크게 달라진다

$$\frac{30초(70km/h → 0km/h)}{5초(250km/h → 100km/h)} ≒ 6배$$

▶ 작업량이 약50배 다르다

$$\frac{\text{레이스 차량의 회생에 필요한 작업율}}{\text{양산차량 회생에 필요한 작업율}} ≒ 50배$$

경량화를 위해 엔진 커버를 제거했지만, 엔진 자체는 정상이다. 24시 레이스에서 2,945.3km를 달려, 출전차량 33대중 종합 17위, 클래스 4위를 차지했다. 차량제작·팀 운영은 주식회사 사드가 담당했다.

조수석 바닥에 비디오 데크의 커패시터를 설치(촬영시엔 철거)하였으며, 하이브리드 장치의 중량은 약 250kg, 차량 중량은 규정을 초과한 1,680kg이나 되었다. 전용 개발품이 적다고는 하지만, 경량화가 과제이다.

배터리 과열에 따른 출력저하 증상이 나타나 단열재로 감싼 드라이아이스 냉각장치를 제작, 2개의 전동 팬으로 냉기를 순환시키는데, 에어컨 냉기를 순환시키는 아이디어는 경량화를 우선하기 위해 단념했다.

2004년에 공개된 2세대 프리우스 레이스 사양은, 그 활동에 의해 하이브리드 장치를 연마하는 것까지는 고려되지 않았었다. 다만, 하이브리드가 레이스와 무관하지 않다는 것은 시사하고 있었다.

「레이스라고는 하지만 환경기술과 별도로 생각할 수는 없는 시대가 되고 있다. 그렇기 때문에 하이브리드는 반드시 등장한다. 회사로서도 진지하게 시작해야 하지 않을까.」

그렇게 생각해 프로젝트를 출범시킨 것은 토요타 모터스포츠부 부장이었던 기노시타 요시아키씨(당시. 현 TMG부회장)이다. 기노시타씨는 사내 승인을 얻자 새로운 설계에 의한 V6엔진, 2GR 계열의 개발업무를 끝내고 모터스포츠부로 돌아와 있던 무라다 히사타케 주사에게 모든 프로젝트의 수행을 맡겼다.

하이브리드로 레이스에 참전하는 목적은 양산 하이브리드 차량의 약한 부분을 보충하려는 것이었으며, 양산차량의 선행개발적인 업무를 교대한다고 바꿔 말해도 좋다. 프리우스를 필두로 한 토요타의 하이브리드 차량은 기본적으로 정지·주행을 반복하는 시내주행을 자랑으로 한다. 그러나 고속 주행 시에는 효율이 떨어져, 연비향상에 대한 장점을 얻기 어렵다.(이 점을 3세대 프리우스에서는 배기량을 늘려 대처했다)

저속영역에서는 에너지 회수를 잘 할 수 있지만 큰 에너지가 순식간에 발생하는 고속영역의 급감속에서는 발생하는 에너지 대부분을 헛되이 낭비하는 것이 현실이다. 레이스에 참전해 서킷을 달리면, 고속영역의 급감속을 되풀이하게 된다. 거기서 약점을 극복하여 배양된 기술을 양산 하이브리드 장치에 피드백하면, 진행과정을 통해 저속영역에서 고속영역까지 효율 높은 하이브리드 차량이 완성된다. 이것이 레이스에서 하이브리드 기술을 연마하는 의의이다. 모터스포츠부가 레이스에서 약점 극복에 앞서서 준다면, 하이브리드 장치 개발부에서는 기꺼이 돕겠다고 약속했다.

「터보도 그랬었지만, 레이스에 사용하는 기술은 진보합니다. 하이브리드도 레이스에서 사용하면 지금까지 3년 걸려 해온 것들이 1년 만에 끝나기도 하고 1년이 3개월이 되기도 합니다.」라고 기토시타씨가 설명하자, 무라다씨도 동의하면서 다음과 같이 얘기했다.

「(양산부에서는)신뢰성이 중요하기 때문에, 갑자기 모터를 반으로 줄이거나 하는 것은 생각도 못합니다. 하지만 모터스포츠를 즐기는 사람들은 단번에 반으로 해 버리죠. 그러면 관념이 깨지게 되고, 이 깨진 것을 고쳐 가는 겁니다. 그러는 가운데 균형을 찾아가게 되는 것이죠. 모터스포츠의 눈으로 보면, 아직도 검토할 부분이 많이 보입니다.」

현행 하이브리드 차량에서 일반적인 니켈수소 배터리는 「목이 가는 병에 억지로 물을 넣으려고 하는 것과 비슷」하다고 기노시타씨는 표현한다. 개발시기가 한정된 상황에서 커패시터를 탑재한 것은 「한꺼번에 넣었다가 한꺼번에 퍼 낼 수 있는 "양동이"」와 같았기 때문이다. 다만 「시험해 보고 싶었던」 4륜 회생 브레이크는 시간 제약으로 인해 포기했다. 24시 레이스 중, 커패시터나 배터리에 축전한 에너지에 대해서는, 신속한 코너 탈출에 사용하는 경우, 서서히 사용하는 경우, 급속한 추월이 필요한 경우 등 다양한 회생과 역행 패턴을 실험해, 에너지 수지와 온도 데이터를 수집했다. 그런 결과, 열적으로 약한 부분, 기구적으로 약한 부분, 생각했던 것 보다 기능하는 부분이 판명되었는데, 이것을 다음 단계에서 살리기로 했다.

이런 실험을 하면서, 5~10%의 연비개선 효과를 확인했다. 고속영역에서의 효율을 높이는 것은 즉, 열효율 향상으로 이어진다. 그리고 무라다씨는 말한다. 「가솔린 엔진의 열효율은 36%, 디젤 엔진은 42%입니다. 이 6%의 차이를 하이브리드로 메우는 겁니다.

제동할 때에 그 이상을 회수하고, 사용한 에너지에서 그 차이를 대주는, 여분이 남아도는 수지로 해야 하는 것이죠. 열효율 차이는 6%지만, 원래 36%밖에 없는 데서의 6%이기 때문에,(향상 분은) 20%나 되어야 하는 것이죠. 때문에 기술적인 장애는 높다고 할 수 있습니다.」

이러한 장애물의 높이를 확인한 것이 2006년 활동이었다.

하이브리드 장치를 집어넣은 레이스 차량의 제1탄은, 시판 하이브리드 차량을 기초로 커패시터를 추가한 정도의 간편한 수준이었다. 제2탄은 더 크게 향상되어졌다. 기초 차량부터 레이스 전용 머신이다. 당시 최신은 아니었지만, 일본 내 투어링 카 레이스 최고봉인 SUPER GT · GT500 클래스 규정에 들어갔던 수프라가 있다. 480ps 이상을 내는 V8 · 4,500cc 엔진 그대로에다가 모터/발전기(MGU)와 커패시터를 추가했다. 전륜용 MGU(Motor Generator Unit)를 탑재해 4륜 회생을 구현한 것도 특징이다. 전륜회생을 구현하기 위해 선택한 것은, 인휠 모터였다. 출력이 10kW로 좀 약한 것은

기존 허브에 들어가야 하는 제약 때문이다. 「크게 하는 것은 문제없었는데, 현가장치(suspension system)의 기하학적인 구조를 바꾸고 싶지 않았기 때문에 이 크기가 됐죠.」라고 무라다씨는 설명했다.

레이스 전용 하이브리드 장치로 온전히 24시간 동안의 데이터를 수집하는 것이 2년째의 목적이었다. 성능 향상을 지향하면 더 큰 모터를 쓰면 됐지만, 장치를 온전히 효율화시키는 것과 신뢰성 확보를 우선했다.

뒤쪽 MGU는 엔진 출력부에 직접 결합되어 있다. 출력은 2006년형 렉서스 GS450h와 같지만 열에 견디지 못해 성능을 다 내지 못했던 것을 거울삼아, 냉각에

만전을 기했다. 다만, 트랜스액슬과 일체로 냉각함으로써 효율을 높이는 아이디어는 내구성에 과제가 생겨 실현되지 못하고 다음으로 넘겨졌다. 이 장치에서 변속기는 변속기 오일을, MGU는 자동 변속기 오일(ATF: Automatic Transmission Fluid)를 사용하고 있다.

4륜 회생과 커패시터 사용에 따른 급속충전의 실현으로, 수프라 HV−R은 「전년의 3배」의 회생량을 가져올 수 있었다. 그것을 어떻게 사용할까. 감속할 때 회생 브레이크를 어떻게 발휘시킬 것인가. 반대로 가속할 때 모터에 의한 구동을 어떻게 살릴 것인가. 효율을 중시하면 운전자의 뜻에 걸맞지 않고, 운전자가 허

단계 2 2007

레이스 전용 하이브리드 장치를 구축

[서킷이 아니면 안 되는 실험에 집중]

데이터 수집에 전념한 1년차 경험을 살린 토요타는, 레이스 전용 하이브리드를 개발해 다시 도카치 24시 레이스에 참가한다. 2년차라고는 하지만 개발초기 단계인 것은 변함이 없어서, 레이스 전용 하이브리드의 잠재력과 과제를 확인한 정도였다.

▶ 리어 모터

트랜스액슬 앞에 은색으로 빛나는 것이 전용으로 개발한 후륜용 MGU(출력150kW)이며, 2009년부터 F1에 두입된 KERS(운동 에너지 재생장치: Kinetic Energy Recovery Systems)(출력 60kW)와 같은 것으로, 출력축에 직접 구동력을 전달한다.

용하는 범위로 맞춰주면 효율이 떨어진다. 이들 과제를 벤치 테스트[대상 시험(bench test): 기계나 부품을 팔기 전에 테스트하는 것]와 주행 시험으로 숙성화해 갔다.

시판 하이브리드 차량은 스로틀을 OFF시키면 회생을 시작하는데, 수프라 HV-R로 이것을 하면 운전자가 주문을 요청한다. 감속에 의한 충격이 어중간하지 않기 때문이다. 그래서 운전자가 브레이크를 밟는 것을 신호로, 회생 브레이크를 개입시키는 제어를 했다.

역행의 사고방식은 두 가지가 있다. 코너를 빠져나오면서 운전자가 액셀러레이터 페달을 밟는 순간, 모터에 의한 구동을 시작하는 방법이 하나이고, 다른 하나는 어느 정도 차속이 나온 상태에서 모터에 의한 구동을 얹어 가는 방법이다. 벤치 및 주행 시험으로 검토해본 결과 엔진 힘을 사용해 코너를 빠져나가고, 견인력이 안정된 상황에서 모터 어시스트를 거는 제어로 정리되었다. 그래도 「익숙해질 때까지 목에 힘을 줘야 할 타이밍을 못 맞출 정도로 강렬한 가속이 가능하다」라고 운전자는 코멘트한다. 「아직 제어는 출발점에 선 상태이고, 더 빠르고 더 좋은 연비로 달리는 법을 연구해가지 않으면 안 됩니다.」라고 무라다씨는 분석했다. 레이스 전용 하이브리드 장치를 개발할 수 있는 기초를 확립하고, 체제정비가 만들어진 것이 활동 2년차의 성과였다. 장치 개발을 통해 협력 제작사와의 협조체제를 마련할 수 있었던 것도 수확이었으며, HV 장치 개발부와의 연계도 더 밀접해졌다.

공격적인 것이 모터스포츠의 본질이지만, 「망가져서는 개발이 안 된다」라는 것 때문에 MGU를 비롯한 각 구성품은 안전성·신뢰성을 중시하는데, 전통적인 차량과 호각지세를 다투며 싸울 수 있는 수준까지 숙성시키기에는, 각 구성품의 성능향상과 경량화를 동시에 밀고나갈 여지가 남아 있었다. 토요타는 지금 그 준비를 하고 있을까, 아마 그럴 것이다.

● 덴소 · 토요타 수프라(Supra)HV-R

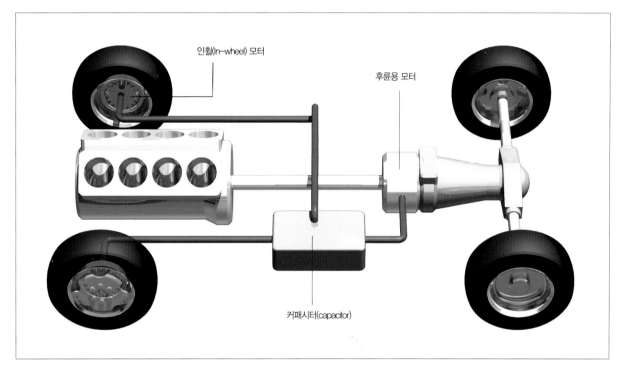

인휠(In-wheel) 모터

후륜용 모터

커패시터(capacitor)

엔진
형식: 3UZ-FE개조 슈퍼-GT 사양
총배기량: 4480cc
최고출력: 480ps 이상/6,800rpm
최대토크 : 52kgm 이상/5,600rpm

모터
앞 모터: 10kW x 2
뒤 모터: 150kW

차량중량: 1,080kg 이상

수프라 HV-R을 얹은 레이스 전용 하이브리드 장치의 제1탄은, 뒤 모터를 엔진 출력축에 결합시키는 모터 보조(어시스트)식을 기본으로, 인휠(in-wheel) 모터를 조합시켜 3개의 MGU로 역행과 회생을 하는 구조이다. 회생한 전기 에너지는 운전석에 가로로 배치된 커패시터에 축전된다. 커패시터 사용에 있어서는, 각 제작사의 시작품을 토요타 HV 개발부의 한 부문이 설정하는 기준으로 평가해 선발했다고 한다.

수프라 HV-R은, 2007년 7월 15~16일 도카치 24시 레이스에 참가하였는데, 1대만 「GT」로 참가했기 때문에, 슈퍼내구 레이스 차량에 압도적인 차이로 우승하였다. 주행거리는 3,136km였으며, 하이브리드 비탑재 차량과 비교했을 때 약 10%의 연비향상을 확인하였다.

커패시터는 수랭 장치(최대 80℃)를 적용한 CFRP제 케이스에 들어간다. 시판차량의 표준 충돌 안전성 기준을 통과하였으며, 750V로 승압하는 회로나 인버터, 각종 제어 유닛도 운전석의 가로 공간에 배치되어 있다.

출력10kW의 인휠(in-wheel) 모터는, 브레이크 로터에 가려져 보이지 않는다. 상하 암 사이에, 푸시로드와 접촉하지 않도록 형상을 고려하여 설계하였다. 실험할 때 좌우 구동력 제어를 실험했는데, 시험에 의한 출력으로는 효과가 약했기 때문에, 실전에서의 사용은 이루어지지 않았다.

하이브리드를 받아들일 환경은 갖춰졌다

[르망은 2010년부터 하이브리드를 정식 인가]

토요타가 레이싱 하이브리드 기술을 연마하는 동안, 세계의 레이스 범주에 「배터리+모터」가 반영되고 있었다.
열효율 42%의 디젤 엔진과 같은 무대에서 달리면서 하이브리드의 우위성을 증명할 환경은 갖춰졌다. 남은 것은 출전해 싸우는 것뿐이다.

▶ 푸조 908HY
2008년에 시범 주행을 펼친, 르망 차량을 기초로 한 디젤
하이브리드 차량. 2009년에는 번외 참가가 인정되었지만,
출전하지 않았으며, 전년도와 마찬가지로 디젤 차량으로
24시 레이스에 참가하여 우승을 달성했다.

내연기관에 배터리와 모터/발전기를 얹는 본래의 목표는 연비 향상이다. 그런 의미에서 하이브리드 장치를 건전하게 운용하려고 하는 것은 르망이다. F1의 KERS(운동에너지 재생 장치: Kinetic Energy Recovery Systems)가 「배터리+모터」 힘을 추월 버튼형식으로 사용하려고 하는데 비해, 르망은 「추가 동력을 얻기 위해서가 아니라 연비를 향상시켜 CO₂ 배출량을 줄이기 위한 수단」이라고 명확하게 정의하고 있다. 르망에서는 하이브리드 장치를 탑재한 차량의 참가를 2010년부터 정식으로 허용했다.

이로써, 제동시의 에너지를 4륜 또는 배기열로부터 회수[랭킨 사이클 장치(Rankine Cycle System)를 상정

하는지]하는 것이 가능해졌다. F1의 KERS는 에너지 저장장치에서 플라이휠 방식을 인정하고 있지만(실전 투입은 예가 없다), 르망에서는 에너지 저장장치/구동장치 모두 전기식으로 한정하고 있다. 회생은 4륜으로 하는 것이 가능하지만, 역행은 후륜으로만 한정하였다. 모터 보조(어시스트)는 액셀러레이터 페달 동작과 연동하는 것(F1은 조향 버튼과 연동)으로 정해져 있다.

토요타는 2002년 이후 F1에 참가하고 있는데, 2009년형 머신에 KERS를 적용하지 않고 있다. 장점이 없기 때문이다. 공식적으로 25kg이라고 말하는 팀도 있기는 하지만, 토요타의 사양에 의하면 장치 중량은 40kg 전후이다. KERS(운동 에너지 재생 장치: Kinetic

Energy Recovery Systems)를 이용하려면 탑재 밸러스트(Ballast)의 양을 줄여야하고 엔진 다음으로 무거운 이 장치를 어딘가에 장착해야 하는데, 그러다 보면 운동성능의 악화는 필연적이기 때문이다. 무엇보다 장치 도입의 목적이 건전하지 않고, 레이스로 기술을 축적했다 하더라도 시판차량에 적용할 수 없다.

이 점이 KERS 개발을 경원시한 배경이다. 한편 연비 향상과 CO₂ 배출량 삭감을 목적으로 한 르망 규칙은, 하이브리드를 레이스에서 연마하기에는 이상적인 내용이었다. 2008년 이후 토요타의 레이싱 하이브리드에 관한 정보가 들려오지 않는 것은 본격적인 참가에 임하려는 준비를 하고 있기 때문이라고 믿고 싶다.

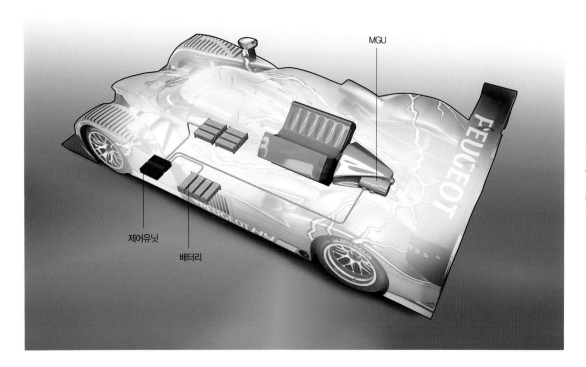

MGU

제어유닛

배터리

레이싱 하이브리드가 갖춰야 할 만한 장치 구성

LMP1 클래스에 참전하는 푸조 908HDi FAP(5500cc · V12 디젤 엔진을 탑재)를 기초로 하이브리드화. 시동 모터를 대체하는 식으로 탑재된 MGU는, F1 의 KERS(운동 에너지 재생 장치: Kinetic Energy Recovery Systems)와 같은 60kW의 최고출력을 갖는다. 축전장치는 리튬이온 배터리로, 600개의 셀을 10개 팩으로 나눠 수납하며, 그 중 6개를 조종석(cockpit)에, 남은 4개를 모노코크 보디(보디와 프레임이 하나로 되어 있는 차량 구조: monocoque body) 좌측에 배치하였다. 1충전 당 약 20초 간 에너지를 방출할 수 있어서 3~5%의 연비향상을 가능하게 한다.

▶ 포뮬러 원(Formula One)
추가의 동력 획득을 목적으로 사용

KERS는 2009년 시즌부터 도입되었는데, 탑재는 의무가 아니라 선택사항이다. 최고출력(60kW)로, 1랩 당 사용할 수 있는 에너지양(400kJ)은 규정되어 있지만, 장치 종류는 자유이다. 사실상 모터+배터리의 전기식으로 정리되고 있다. 모노코크 보디(보디와 프레임이 하나로 되어 있는 차량 구조: monocoque body) 아래에 리튬이온 배터리를 배치하고, 엔진 앞에 놓인 모터로 구동하는 방식이 정식이다.

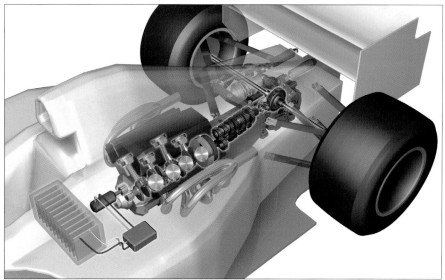

엔진

모터/발전기

배터리

MGU

리튬이온 배터리

▶ WRC
시트로엥(Citroen)이 독자적으로 개발해 실전투입 가능성을 모색

시트로엥 C4 WRC(World Rally Championship) 을 기초로 하이브리드화한 차량으로, 2009년 제4전 종료 후에 시범 주행을 했다. 하이브리드 장치는 현행 WRC 차량을 기초로 하여 추가된 것으로, 990셀의 리튬이온 배터리를 연료 탱크 위에 탑재하였다. 125kW의 모터로 후륜에 구동력을 전달하고, 에너지 방출은 액셀러레이터 페달과 연동했다. 「고성능차도 환경에 적합해야 한다(eco-friendly)」고 주장하는 동시에, 「즉시라도 참전할 수 있다」는 점에 흥미를 일으키거나 마음을 이끌게 해야 했다.

하이브리드 차량 연대기(Hybrid car Chronicle)

시대를 가르는 HEV 계보 NHW10

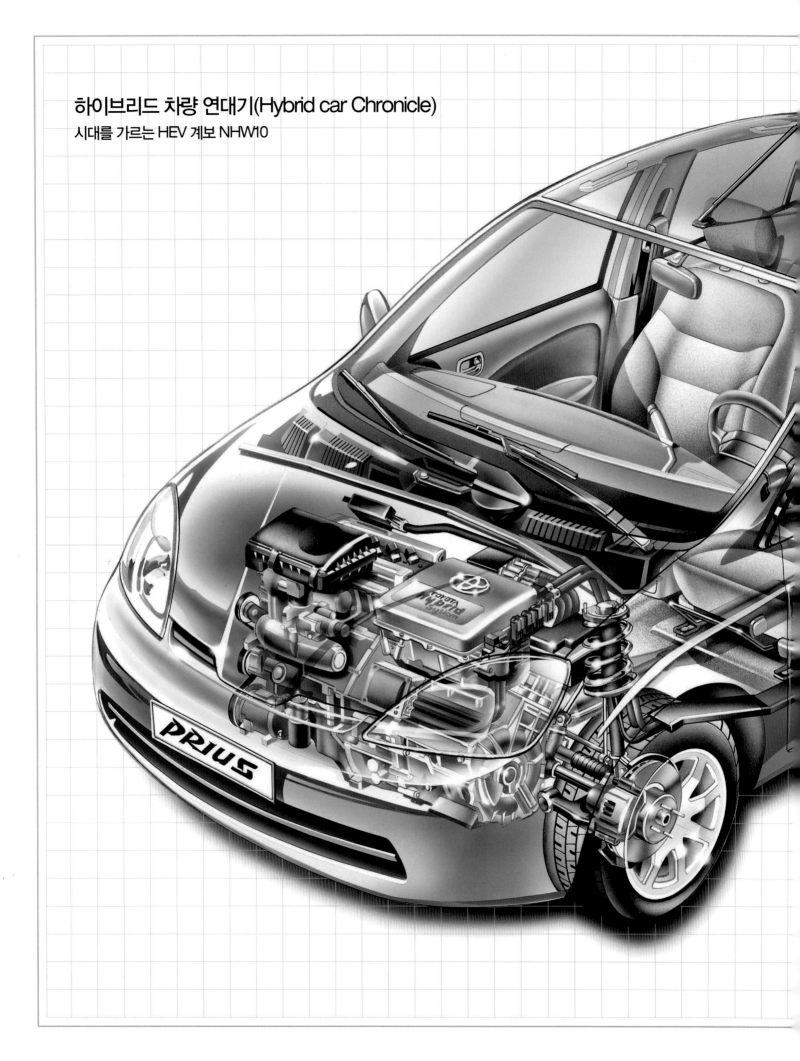

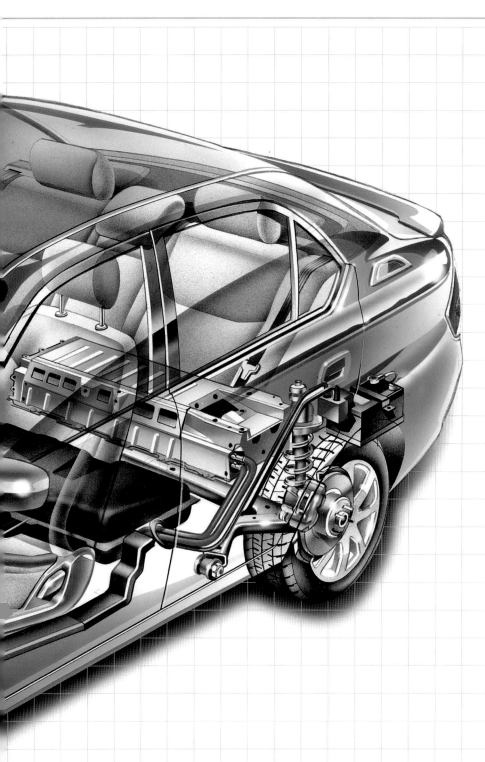

토요타의 하이브리드 개발을 알게 된 시기는 버블 경제 붕괴 직후인 1992~1993년으로 기억한다. 토요타 에이지 회장, 오쿠다 히로시 사장, 와다 아키히로 부사장 시대이다.

당시, 나는 매년 한두 번, 단독으로 또는 저널리스트들과 함께 와다 부사장에게 초청되어 골프를 같이 치거나 수제 요리를 먹으면서 자동차 얘기로 꽃을 피우기도 하고, 때로는 직접 분사 가솔린 엔진 차량을 극비로 운전해보는 기회도 얻었다.

그런 어느 날, 와다 부사장의 「앞으로는 전기로 달리는 걸 생각하지 않으면……」이라는 말에 「시리즈(방식)입니까」라고 물었더니, 「전기로만 달려서는 좀 아쉽죠.」라고 대답했다. 자동차 제작사의 과제는 세상의 배기가스 정화, 충돌안전 등에 이어 저연비와 지구온난화를 줄이는 「환경과 생태 관련」으로 옮겨가는 중이었다.

전기라고는 해도 배터리에만 의존해 달려서는, 충전이나 배터리 카세트 교환 등의 국내외 인프라를 생각했을 때 아직 비현실적인 시기이다. 당연히 엔진으로 자가발전하면서 달린다는 생각은 100년 전부터 있어 왔고, 연구나 소규모 실용화가 끊이질 않았다. 가솔린 엔진이나 디젤 엔진을 효율 좋은 영역에서만 운전하여, 발전을 위해 모터를 돌림으로써 차량을 달리게 한다. 전차와 같이 제동시의 에너지를 회생시키면 연비절감에 더 도움이 된다.

그것만으로는 아쉽다고 한다면 모터로 달리고 엔진으로도 달리는 「본격」 하이브리드 외에는 생각이 안 든다. 어쩌면 예의 개발 중이라고 느꼈다.

분명히 모터구동에 적합한 주행영역이 있으면, 엔진에 의한 구동이 바람직한 장면도 있다. 그러나 양쪽을 어떻게 전환시킬 것인가. 설마 일시 정차한 다음일리는 없을 것이다. 이리저리 추측을 거듭해 보아도 나로서는 해결할 길이 쉽지 않다.

머지않아 알게 된 것은 「G21」 프로젝트였다. 중앙연구소를 포함한 토요타 사내에서 엄선된 멤버를 결집시켜 「21세기 자동차에 담겨야 할 모습」을 탐구하는 팀이 93년 9월에 발족된 것이다.

Hybrid Power Package

23

초대 프리우스 NHW10형 / NHW11형(1997~2003년) -NHW10-

1세대 프리우스(Prius)

[21세기의 신기원을 개척했던 차]

초대 프리우스(Prius)는, 「G21 프로젝트」로써 「21세기 자동차에 담겨야 할 모습」을 탐구하는데서 시작되었다.
세계 최초의 양산 하이브리드 차량으로서 데뷔한 것은 1997년 3월.
수많은 기술을 간직한 초대 프리우스(Prius) 탄생 배경과 그 실체를 되돌아본다.

글: 호시지마 히로시 · 사진: 뉴 모델 속보 편집부 / TOYOTA

그 모습이 실현된 것은, 95년 10월 도쿄 모터쇼였으며, 참고 출품차로 이름도 라틴어로 「선구(先驅)」를 의미하는《프리우스(Prius)》였다.

한 눈에 봤을 때, 의외였던 것은 차량의 크기였다. 세계 최초의 본격 하이브리드 카를 왜 콤팩트 클래스로 정했는지 의문시하는 목소리도 있었다. 하지만, 생각해 보면 토요타 카롤라가 해답이 될지도 모른다. 연생산 100만대를 넘어, 토요타의 뼈대를 지탱해 온 세계적인 상품과 비슷한 크기가 참고 출품 모델로 선택된 것이 이상한 것은 아니었다.

카롤라라고 구체적인 이름을 들긴 했지만, 「현행 가격보다 50만엔 이상 비싸면, 국내는 물론이고 세계적 상품으로 나갈 수 없죠」라는 와다 부사장. 과연 참고 출품차는 당시의 카롤라보다 약간 작은 정도로, 형제차라고 할 수 있는 터셀/코르사(Tercel/Corsa)의 골격을 기본으로 했다.

이듬해인 96년 언제쯤인가 「슬슬 시험주행이 가능하지 않겠는가」하고 떠봤더니, 「아뇨, 아직 좀 더 있다가요. 하지만 두 번이나 계속해서 참고 출품은 허락하지 않을 생각입니다. 다음이나 쇼까지는 반드시 판매해야죠!」라고 말했다. 대단한 결의는 96년 말에 시작된 에코 캠페인 「내일을 위해, 지금 시작합시다」에서도 분명했다.

「좀 더」라는 이미지는 상상이 간다. 참고 출품차량은

변속기 부분에 금속 벨트식 CVT를 이용했지만 모터와 엔진, 양쪽을 사용해서 달리게 되면, 동력분할 및 분담 기구에 무단 변속기능을 겸비한 새로운 기술이 필요했다. 그 외에도 전류 및 전압을 변환하거나 제어하는 인버터, 상시 고압전류의 충전 및 방전을 되풀이하는 장치(HV) 배터리의 냉각방법 등, 실용화를 향한 각종 시험을 거친 세세한 설계 변경 등이 밤낮없이 진행되어 왔기 때문에, 골프 좀 같이 쳤다고 「졸라대기 시험주행」 따위가 통할 리가 없었다.

한편, 항간에 들렸던 HV 배터리 양산화에 치명적인 장애가 있다는 소문은 사실이 아니라고 들었다. 전극판에 다공질(多孔質)의 니켈합금과 수소흡장(吸藏)합금(Hydrogen Storing Alloy)을 이용한 「니켈수소 배터리」는 처음부터 파나소닉 제품이다.

1.2V 셀 6개를 직렬로 연결한 7.2V짜리 모듈 40개씩을, 홀더 2개로 나눠 연결한 합계 288V로 용적 당 출력을 높이고는 있지만, 먼저 발매한 RAV4 · EV에서 이용한 실적이 있다.

3BOX의 초대 프리우스는 뒤 시트의 등 뒤에 탑재하였고, 트렁크 덮개를 열어야 알 수 있는, 완전히 봉인된 케이스에는 충전 및 방전량 관리, 이상감시, 냉각 제어를 관리하는 ECU, 냉각팬, 냉각풍 닥트 및 댐퍼가 들어가 있으며, 배터리가 방전되었을 때 부스터 케이블을 연결하는 단자도 있다. 물론 보조 기기용 배터리는 2V

셀 6개를 연결한 12V이다.

가장 앞쪽에 탑재한 엔진도 새로 개발되었다.

전방흡입 · 후방배기 설계를 채택한 4실린더는 카롤라급 1,500cc이면서 아트킨슨 사이클(Atkinson Cycle), 즉 연소 · 팽창은 행정을 최대한 사용하지만, 압축은 흡입 밸브를 늦게 닫음으로써 행정 중간부터 시작한다. 게다가 흡입밸브 타이밍이 위상차(位相差) 40도 범위에서 연속적으로 바뀌기 때문에, 최대 토크가 발생할 때의 약 1,200cc부터, 시동할 때의 400cc 부근까지의 범위에서 운전한다. 따라서 압축비도 겉보기에는 13.5:1이지만, 최고 출력을 발휘할 때는 10:10이다. 위상차가 큰 시동 시에는 더 낮아진다.

조용한 모터 주행 상태인 40km/h에서 갑자기 1,500cc 엔진을 시동하게 되면 소음 · 진동은 피할 수 없을 것이다. 하지만 저압축비인 400cc라면 걱정 없다. 닫는 타이밍으로부터 당연히 흡입가스가 되밀리지만, 이것이 역으로 충진효율 향상 요청에 들어맞아서, 흡입경로 단축 및 경량화와 스로틀을 좁히지 않고도 되는 펌핑 손실 절감을 가져온다.

이론은 오래됐지만, 저연비에 머물지 않고 고팽창비 사이클을 주행 중부터 부드럽고 확실하게 시동성, 소음 · 진동억제 등 하이브리드 장치에 요구되는 요건까지 섭렵해 실용화했다는 의미로, 프리우스 엔진은 높이 평가받아 마땅하다.

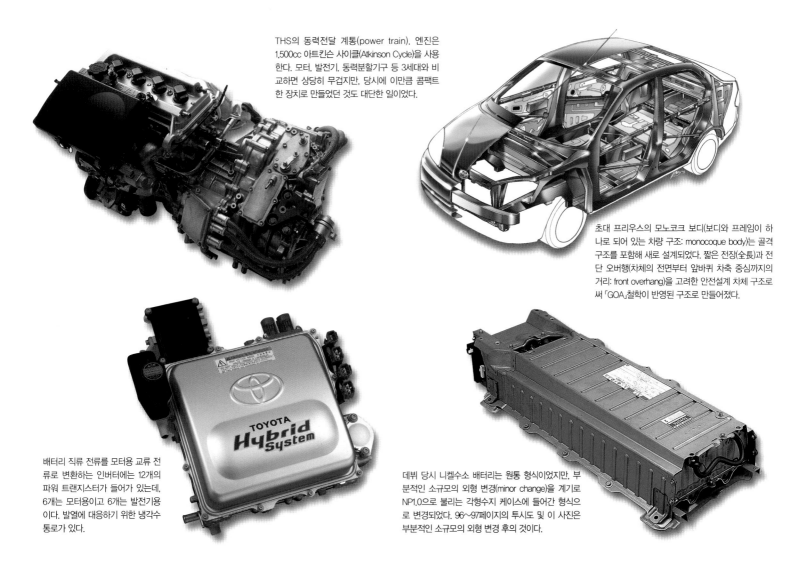

THS의 동력전달 계통(power train). 엔진은 1,500cc 아트킨슨 사이클(Atkinson Cycle)을 사용한다. 모터, 발전기, 동력분할기구 등 3세대와 비교하면 상당히 무겁지만, 당시에 이만큼 콤팩트한 장치로 만들었던 것도 대단한 일이었다.

초대 프리우스의 모노코크 보디(보디와 프레임이 하나로 되어 있는 차량 구조: monocoque body)는 골격 구조를 포함해 새로 설계되었다. 짧은 전장(全長)과 전단 오버행(차체의 전면부터 앞바퀴 차축 중심까지의 거리: front overhang)을 고려한 안전설계 차체 구조로써 「GOA」철학이 반영된 구조로 만들어졌다.

배터리 직류 전류를 모터용 교류 전류로 변환하는 인버터에는 12개의 파워 트랜지스터가 들어가 있는데, 6개는 모터용이고 6개는 발전기용이다. 발열에 대응하기 위한 냉각수 통로가 있다.

데뷔 당시 니켈수소 배터리는 원통 형식이었지만, 부분적인 소규모의 외형 변경(minor change)을 계기로 NP1.0으로 불리는 각형수지 케이스에 들어간 형식으로 변경되었다. 96~97페이지의 투시도 및 이 사진은 부분적인 소규모의 외형 변경 후의 것이다.

▶ 혁신적인 패키징

세계 최초의 양산 하이브리드의 핵심으로는 THS가 주목을 받지만, 초대 프리우스(Prius)의 또 하나의 하이라이트는 그 패키징에 있다. 기본부터 개량해 나간 혁신적 패키징의 비밀은 당시 일본 4도어 세단의 평균치를 크게 상회하는 1490mm의 전고(全高)이다. 탑승자가 똑바로 앉아서 움직이는데 불편이 없게 하려는 생각이다. 똑바로 앉음으로써 중앙 계기판의 의미도 커졌다. 좌석 높이의 차이를 보충하기 위한 효과적인 수단이었던 것이다.

▶ 추가로 개량된 배터리

파나소닉 EV 에너지 제품의 니켈수소 배터리는, 초기형식에서는 뒷자리 배면에 탑재되었다. 원통형 셀 6개를 모듈해, 그것을 40조, 합계 240셀의 정격전압 288V로 만들었다. 부분적인 소규모의 외형 변경 후에는 단일 셀을 적층각형으로 변경해 6개를 1모듈화하고, 그것을 38조 탑재해 정격 274V로 했다. 배터리팩은 크게 소형화되어, 그림과 같은 위치에 탑재됨으로써 트렁크 스루가 가능해졌다.

▶ 콤팩트하게 들어간 THS 장치

상당히 짧게 설계된 오버행이지만, 콤팩트하게 완성된 THS는 거기에 딱 알맞게 들어가 있다. 엔진은 당시 토요타의 신세대 유닛인 1NZ 계열이다. 체인구동 캠트레인 직동의 협각 4밸브를 사용하여, 흡입 쪽에 위상연속 가변형 밸브 타이밍을 갖춰, 흡입밸브를 늦게 닫는 시기를 변화시킨다. 초기형식은 기계적 압축비(팽창비) 13.5 : 1, 늦게 닫는 가변 폭이 크랭크각에서 40도였지만, 부분적인 소규모의 외형 변경으로 압축비는 13.0 : 1로 변경되었다.

프리우스(Prius)(NHW10) 사양

엔진	형식	1NZ-FXE
	배치	수랭직렬4실린더 DOHC
	총배기량	1,496cc
	보어×행정	75.0×84.7mm
	최고출력	43kW/4000rpm
	최대토크	102.0Nm/4000rpm
	압축비	13.5 : 1
모터	형식	1CM
	종류	교류동기 전동기(영구자석식 동기형 모터)
	최고출력	30.0kW/940~2000rpm
	최대토크	305.0Nm/ ~940rpm
주요배터리	형식	니켈수소 배터리
	개수(모듈)	40
	접속방식	직렬
	용량	6.5Ah
서스펜션	앞	스트럿/코일
	뒤	토션 빔/토우 컨트롤 링크부착 토션 빔
브레이크	앞	벤틸레이티드/디스크
	뒤	드럼
휠베이스	2550mm	
트레드	앞	1475mm
	뒤	1480mm
전장×전폭×전고	4275×1695×1490mm	
차량중량	1240kg	
연료소비율(10·15모드)	28.0km/ℓ	

흔히 말하는 시동 모터는 없으며, 발전기로 시동한다. 모터 주행 중에는 크랭킹(Cranking)을 선행하여, 약간 회전을 올린 위치부터 연료분사 및 점화를 개시한다.

충격을 완화하는 댐퍼 플레이트(Damper Plate)를 끼우고 엔진과 동일한 축상(軸上)에 있는 발전기가 작동해, 엔진 동력이나 감속시의 회생 에너지로 발전(發電)된 전기를 HV 배터리로 보내 충전하는 것 외에 엔진시동에도 역할을 담당한다.

아침에 처음 시동할 때는 엔진이 시동을 걸게 되는데, 극히 단시간의 난기(暖機)운전이 끝나면 엔진 스톱-「READY」가 표시되고, 주행 모드로 바뀌고 나서 액셀러레이터를 밟아주면, HV 배터리에 저장된 전기를 모터로 보내, 소리도 없이 발진하게 된다.

예상외로 발진·가속이 뛰어난 것은, 모터의 발생 토크가 저속회전에 편향된 데에 따른 큰 특성에 있다. 정격전압은 말할 필요도 없이 288V이고 최고출력 30kW=40마력에 가까운 출력을 940~2,000rpm

영역에서 발휘하는 한편, 전류의 크기는 액셀러레이터 열림 각(개도)(開度)에 비례하긴 하지만 최대토크는 0~940rpm에서 31.1kgm까지 발생된다. 이 부분은 엔진의 5배 이상이나 더 강력하다.

물론 모터는 엔진과 동일 축상(軸上)이고 감속기를 포함한 변속기부분을 장착한 상태에서 뒤쪽 끝이 탑재위치라고 한다면 진행방향 좌측 끝으로 배치되어 있다. 다만 사실상, 엔진의 최고출력 58ps와 모터의 40ps를 동시에 발휘하는 운전영역은 없다.

변속기에 해당하는 무단변속기 부분이, 엔진이나 모터 또는 양쪽으로 달리는지를 결정하는 동력분할 기구를 겸하는 것과 무관하지는 않지만, 실제는 이 부분에 토요타 하이브리드 장치(THS)의 독자적인 근간 기술이 존재한다.

이 시점에서 동력분할 기구를 언급해야 하지만, 약간 복잡한 관계로 양해를 구하면서 98페이지부터 시작되는 2세대 프리우스 소개 기사를 참고해 줄 길 바란다. 세부적인 것은 좀 달라도 메커니즘과 작동은 2세대에서도 변함이 없다.

다음은 유성기어 기구이다.

바깥쪽의 링 기어가 모터와 직결되고, 유성 캐리어는 엔진 출력축과 연결되어 있기 때문에, 엔진이 회전하면 유성 캐리어가 회전한다. 선기어가 고정되어 있다고 가정하면, 캐리어의 네 군데에 장착된 유성 피니언이 선기어 주위에서 공전과 자전을 동시에 하면서 맞물린 링 기어를 돌린다. 액셀러레이터 열림 각(개도)에 맞춰 엔진 회전 및 출력이 상승함에 따라 원칙적으로 링 기어의 회전, 즉 차속이 높아져 간다.

반드시 엔진 회전 전부가 차속에 반영된다고 단정하지 못하는 것은, HV 배터리 요청으로 엔진 출력을 충전작업으로 돌리는 상황이 생기기 때문이다.

그러므로 당연히 발전기로 발전한다. 「엔진으로 달리면서, 동력 일부로 발전해 HV 배터리에 충전중」이라고 모니터가 표시하는 장면이다. 예를 들면 같은 60km/h에 변속비가 같고 링 기어 회전수가 같더라도, 엔진 회전수가 높아져 여분의 회전으로 피니언 기어가 선 기어를 구동, 선 기어에 직결된 발전기로 발전한다.

내리막길이나 제동시의 에너지 회생은 차속에 따라

회전하는 링 기어가 모터를 구동하고 발전기로 작동시키는 형태가 된다. 또한 엔진 정지로 인해 유성 캐리어는 돌지 않지만, 링 기어와 맞물린 피니언기어가 선 기어를 돌림으로써 발전기를 구동시켜 발전되고 HV배터리로 보낸다. 모터가 3상 교류의 영구자석식으로, HV 배터리와는 대전류·고전압을 통한 파워 케이블로 연결되어 있다. 하지만 배터리의 직류를 모터의 교류로 변환하거나, 발전기로 발전한 교류를 직류로 바꿔 충전으로 돌리기 위해 양자 간에 인버터가 개입된다. 엔진 후드를 열면 눈에 띄는 사각의 상자가 그것으로, 모터용 6개와 발전기용 6개의 파워트랜지스터가 들어가 있으며, 발열에 대응하는 냉각수 통로가 뚫려 있다.

선언한 대로 초대 프리우스는 1997년 3월, 218만엔의 표준사양 가격으로 정식 판매되었다.

그 직후에 보도관계자 40명씩을 연일 초청해 도쿄와 고부치사와를 왕복하였다. 판매된 프리우스가 도쿄쇼 무대에서 주역을 맡은 것은 말할 필요도 없다.

그 때 당시의 시승소감은 차치해 두고, 프리우스는 소리도 없이 출발하면서 40km/h가 좀 안되게 모터로 주행했다. 그 부분에서 엔진이 시동하여 엔진으로 달리고·모터로 달리고·양쪽으로도 달리는, 세계최초의 동력분담을 하는 모습에 사람들은 감동하였다. 또한 20km/ℓ에 가까운 실용연비에도 놀라워했다. 동시에 눈길을 끈 것은 발군의 회전이었다. FF차량이면서 최소회전 반경 4.7m였고, 출력 및 드라이브 프런트의 콤팩트함에 다시금 감명을 받았다.

물펌프나 윤활용 오일펌프는 있지만, 보조기기류가 적은 탓으로 엔진치수가 짧고, 조타각이 크게 설정되었다. 물론 주행 중의 엔진정지를 고려해 파워 스티어링

은 전동 구동이다. 브레이크에도 하이드로 부스터를 채택했다. 그런 것들이 콤팩트 카에 있어서 처음 시도된 장치인 만큼, 회생 브레이크와의 상생에 미성숙한 작동감을 느끼게 하거나, 핸들 조타에 위화감을 동반한다거나, 직진성에 앞쪽이 기울어지기도 했지만, 세계 최초의 본격 하이브리드 카 탄생을 축복하는 기분에 비춰보면 작은 약점에 지나지 않았다.

그 후로도 친구나 지인이 구입한 초대 프리우스를 타보는 등의 시승기회는 많았다. 유일하게 유감스러웠던 것은 승차감과 조종 안정성 개선을 목적으로 교환했던 타이어가 특수한 크기이기 때문에 딱 맞지 않았다는 것이다. 여담으로 나는 지금도 연비를 지향해 극단적으로 회전저항이 작은 타이어에 불신감을 갖고 있다. 어폐가 좀 있지만, 재미있었던 것은 빨간 「거북이」 경고램프이다. 고속도로를 급히 달릴 때, 꽤 긴 오르막 길에서 100km/h 주행을 계속하면 엔진 동력으로는 역부족이다. 모터도 이에 가세하지만, 야간에 에어컨을 사용하거나 많은 탑승자나 가득한 짐 등의 악조건이 겹쳐지면 배터리 잔량부족을 나타내는 「거북이」램프가 점등한다.

정차한 뒤, 충전을 위해 엔진을 작동시켜도 되지만, 계속 주행을 하게 되면 숨이 끊어질 듯 해져 80km/h 이하에서 잠시 인내를 강요받는다. HV 배터리로의 충전을 우선하기 때문이다. 이렇듯 예상외로 인내 주행을 부득이하게 하게 되는 사용자가 많았던 것이 아닐까? 하기야 2000년의 부분적인 소규모의 외형 변경(minor change)에서 HV 배터리를 소형·경량화한 이유가 트렁크 룸 활용을 더 자유롭게 하려는 것이기 때문이라고 들었지만…….

초대 프리우스에서는 이 「거북이」 마크가 인상에 남는다. 고속도로 주행시나 등판할 때 표시되는 경우가 있었다. 하이브리드 차량 보급 및 초창기에서나 볼 수 있었던 유머러스한 에피소드이다.

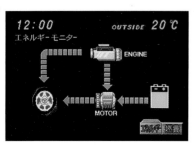

THS의 작동상황은 중앙 디스플레이에 표시되며, 순간연비나 회생 브레이크에 의한 충전량 등도 알기 쉽게 표시된다. 이 것으로 하이브리드차가 어떤 차인지를 운전자에게 실감시켰다.

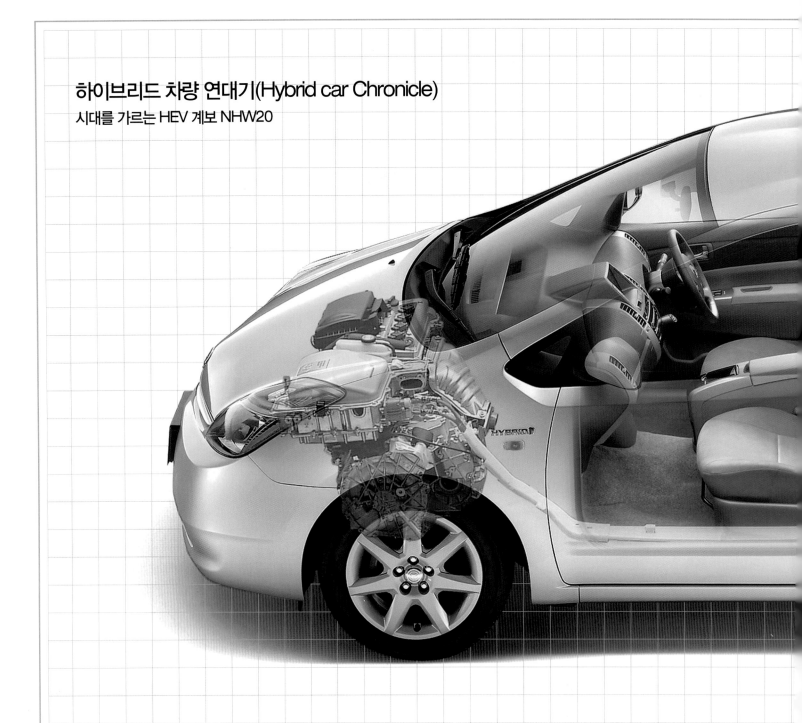

24

2세대 프리우스(Prius) NHW20형(2003~2009년) -NHW20-

2세대 프리우스(Prius)

[크게 진화한 THS II를 심장에 품고 세계로]

2003년, 프리우스(Prius)는 2세대로 자리를 넘겨주었다.

일본 뿐만 아니라, 북미·유럽으로도 판매를 확대한 2세대 프리우스(Prius)는 하이브리드 차량을 일반화시킨 주역이었다.

그 심장부는 THS에서 THS II로, 대폭적인 기술적 진보를 이루어냈다.

글: 호시지마 히로시 · 사진: 뉴모델 속보편집부 / TOYOTA

완전히 모델이 변경된 2세대 프리우스(Prius)는 더 적극적인 해외진출을 전제로 2003년 4월, 뉴욕쇼에 참고 출품되었으며, 같은 날 일본에서도 공개되었다. 초대 출시와 마찬가지로 6월부터 7월에 걸쳐 일부 저널리스트를 상대로 사전 시승을 거쳐 9월에 정식 판매됐다.

초대 프리우스로부터 만6년. 수많은 상을 받은 토요타는 프리우스에 이어 하이브리드 장치를 타 차종으로 전개하여, 그 존재 의의가 시장에 폭넓게 인정받기도 했다. 2세대는 판매전인 6월부터 구입예약 접수를 시작했다.

초대 모델을 개발한 것은 수석 엔지니어인 우치야마다 다케시(현 부사장)씨로, 우치야마다씨의 임원 취임으로 인해 2000년 초대에 부분적인 소규모의 외형 변경을 주도했던 이노우에 마사히 CE(수석 엔지니어: Chief Engineer)가 2세대를 담당했다. 여

담이지만 우치야마다 부사장의 부친도 토요타의 중진 기술자였다.

2세대 프리우스를 보고, 이노우에 CE가 기용된 이유를 바로 알았다. 우치야마다 부사장은 진동·소음부터 상품평가, 기술개발의 순서개혁 등을 거쳐 「G21」 프로젝트 리더로 취임했지만, 이노우에CE는 기본골격과 보디 설계에 정통했다.

하이브리드 장치(THS)가 THS II로 진화하긴 했지만, 근간 기술은 2세대에서도 변하지 않았다. 완전한 모델 변경의 주안점을 차체 형식 및 패키징 변경, 국제상품으로써의 각별한 성능개선과 다용도성 향상에 두었기 때문이다. 경량화 기술이나 생산성, 국제기준의 충돌안전대책도 급선무였다.

우선은 차량 외형 치수를 들 수 있다. 초대는 전장 4,275mm, 전폭 1,695mm, 전고 1,490mm의 소형차 규격으로 휠베이스도 2,550mm에 지나지 않

았다.

하지만 2세대는 전장을 4,445mm로 늘리고, 전고 1,490을 유지하면서, 전폭 1,725mm로 해 휠베이스를 2,700mm로 연장, 전륜 트레드도 30mm 넓혔다. 차체 폭은 세 자리 숫자이지만 엔진 배기량 2,000cc 미만이라면 자동차세 등은 초대와 동일하게 들고, 마침 그때 당시의 국제적인 크기 향상 경향에도 편승한다. 한 눈에 봐도 커 보이기 때문이다.

또한 플랫폼이 카롤라의 동생뻘에서 캠리/프레미오급으로 승격되었다. 프레미오는 세단 형식이면서 뒷자리와 트렁크 룸 사이에 격벽이 없는 설계—플로어 팬과 리어 플로어의 연결방법이나 간격을 넓힌 리어 사이드 프레임의 형식이다. 그러므로 2세대 프리우스에서 HV 배터리를 뒤쪽 플로어 쪽으로 옮겨서 5도어 해치백을 만들기에는 매우 알맞았다.

Cd 값 0.26의 유려한 차체를 몸에 두른 「국제전략 차종」

초대 프리우스는 수많은 수상(受賞)과 세계 최초의 양산(量産) 하이브리드 차량으로서 화제가 되긴 했지만, 콤팩트 클래스에서 세단의 인기가 하강선을 드러내기 시작한 때이기도 해서, 그 존재의의를 인정하면서도, 주저하면서 망설이는 사람들이 많았다.

분명한 왜건 형식으로 하지 않은 것은, 저연비에 적합한 공력성능 향상이 목적이었다. 슬랜트 노즈(차의 전반부가 예각으로 카트된 것처럼 경사각을 갖고 있는 것을 말하며, 매끄러운 공기흐름을 형성하여 공기저항을 감소시킴: Slant Nose)와 중앙을 부풀게 한 보닛 등에 초대 이미지를 남겨 놓으면서도, 거의 앞좌석 머리 위 부근을 정점으로 루프를 뒤쪽으로 낮게 경사지게 테일 게이트 쪽으로 흘렸다.

그 결과 Cd=0.26. 짧은 전후 오버행과 상급기종에 끼웠던 것보다 크기를 키운 타이어와의 조합을 보면 스포츠 쿠페의 맛도 풍긴다. 추가적으로 윈드실드에 적외선 차단유리, 측면에 자외선 차단의 3차 곡면 유리를 사용하는 등 외장품질 향상도 분명했다. 전국 각지의 전시회가 성황이었다.

그리고 가장 크게 변한 것은 패키징이다.

앞 차축과 운전석·조수석 착석위치 관계는 초대와 거의 같지만, 휠베이스를 넓힌 만큼의 일부를 앞뒤 자리 탠덤 디스턴스 확충에 충당하였고, 뒷자리의 발 밑자리를 넓혔다. 다만 천정이 뒤쪽으로 낮아졌기 때문에 머리 위로 여유가 없고, 이로 인하여 발 밑자리가 넓어졌다는 실감이 나지 않는다.

또한 왜건에 가까운 형식이기 때문에, 뒷자리 분할 접이식을 채택하였다. 이로써 사용 편의성은 향상되었지만, 짐칸 공간 자체는 커졌다고 할 수는 없는데, 예를 들면 토너 커버(짐칸 부분을 덮는 커버: Tonneau Cover) 아래에 골프백을 싣는 순서를 익혀야 해서 골프장 직원이 곤혹스러워 하는 장면도 적지 않았다.

인테리어는 초대의 특징적인 중앙 계기판을 답습하였다. 또한 변속용 손잡이 위치를 개선한 조작성 향상과 기계적이지 않은 신감각의 전자 스위치가 실현되었다. 콘솔은 시리즈 및 병렬(패럴렐) 작동으로 했는데 HV 배터리로부터의 전기로 모터 주행을 하고, 엔진으로 달리고, 엔진·모터 양쪽을 협조시키고, 제동시의 회생 에너지를 HV 배터리에 보내는 등의 내용을 그림으로 표시하는 디스플레이 모니터를 새롭게 하였다. 그

리고 회생 전기량을 가는 막대그래프로 표시해 「이렇게 발전합니다.」라고 인상적으로 표시 했다.

오디오와 공조조절 스위치, 내비게이션과 내외기 전환스위치 위치나 표시문자 확대 등 소위 말하는 유니버설 디자인을 적용했으며, 좀 많아 보이는 숫자 때문에 파악하기 어려웠던 경고 지시계 종류를 필요한 때 필요한 상황에 한해 점등시키는 변경도 생겼다.

신형 3세만큼 극단적이지는 않지만, 장경 370mm · 단경 350mm의 타원형 핸들을 채택한 것은 운전석의 승강성 향상이 목적이다. 스마트키를 카드식으로 바꾸고 발진준비가 버튼 스위치로 바뀌어, 누르면 거의 즉각적으로 「READY」가 점등되는 등의 THS가 THSⅡ로 바뀐 차이를 실감한다. 또한 카드 키가 가까이 없으면 버튼스위치가 동작하지 않는 것은 물론이다.

다음으로 추가된 신장비는 인텔리전트 주차 보조(어시스트)이다. 프리우스에 필요불가결한 장비라고는 할 수 없지만, 후방 카메라 및 모니터가 연 생산 40만대 규모에 이르렀다는 점과 THS인 탓에 전동 파워 스티어링밖에 사용하지 못하는 것을 기회로 2세대에서 실용화했다.

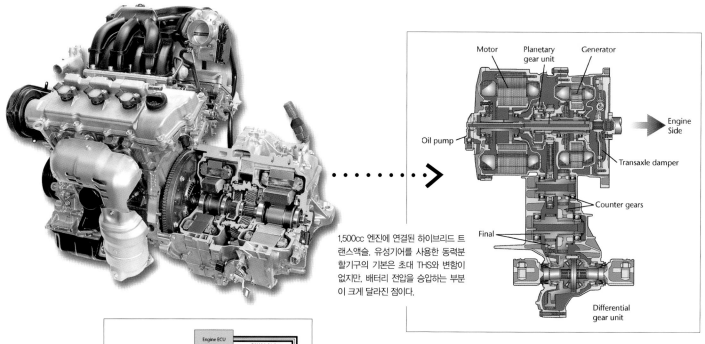

1,500cc 엔진에 연결된 하이브리드 트랜스액슬. 유성기어를 사용한 동력분할기구의 기본은 초대 THS와 변함이 없지만, 배터리 전압을 승압하는 부분이 크게 달라진 점이다.

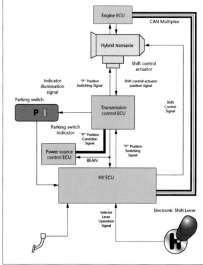

액셀러레이터나 주행상황에 대해 엔진을 어떤 조건으로 운전하는가, 모터에 어떤 구동전력을 보낼 것인가…… 하이브리드 동력 장치, 엔진을 포함한 기계 계통, 모터 등을 총괄하는 제어계통 구성은 상당히 복잡하다.

뒤 서스펜션은 토션 빔 액슬을 좌우 트레일링 암 중간에 배치한 이터빔 방식. 액슬 빔에 스태빌라이저를 내장하고 있다. 승차감은 약간 좋지 못한 인상이었다.

▶ 북미시장을 목표로 한 치수를 크게하여 완성

초대와 비교하면 전장이 135mm, 전폭이 30mm 확대(전고는 같음)되어 한 치수 커진 것이 2세대이다. 크기는 카롤라와 프레미오/아리온의 중간이었다. 북미시장의 존재가 중요했기 때문에 크기가 커진 것이다. 실내공간도 초대 프리우스보다 상당히 넓다. 중앙 계기판은 계승했지만, 인테리어에 대한 주제는 새로워졌다.

▶ NP 2.0으로 진화한 니켈수소 배터리

파나소닉 EV 에너지 제품인 니켈수소 배터리는, NP2.0형으로 진화되었다. 셀 접속구조, 전극재료를 새롭게 함으로써, 내부저항을 줄여 입출력밀도를 35% 향상시키고 있다. 성능이 향상된 만큼 모듈 수를 줄이고 있다.(7.2V 모듈을 28개. 용적으로 -25%) 요점은 「승압」에서 반응기(reactor) 회로를 이용해 500V까지 승압하고 있다는 점이다.

동력전달계통(POWERTRAIN)

▶ 고속회전화를 진행해 4kW의 출력 증가

엔진은 초대와 똑같은 1NZ-FXE이지만, 운동부품의 경량화나 마찰 감소로 고속회전화를 진행해 초대의 부분적인 소규모의 외형 변경 형식(53kW)에서 4kW의 출력을 올렸다. 엔진 최고 출력과 모터 최고 출력을 합산한 최고치로 운전하는 영역은 없지만, 발진과 가속초기의 11km/h 시점에서 421Nm이었던 합계 토크가 22km/h에서 478Nm으로 높아졌다.

뒤 서스펜션(REAR SUSPENSION)

▶ U자 단면의 토션 빔 액슬

앞부분은 L자 로워 암 방식의 맥퍼슨 스트럿. 뒤 부분은 후방향의 U자 단면 토션 빔 액슬. 초대에 있었던 토우 코렉트 링크가 없어져, 암 끝부분의 토우 코렉트 부시가 선회할 때 횡력에 대해 토인으로 후륜을 휘게 하고, 제동시 등의 전후 힘에 대해 토인을 유지하는 작용을 하는 타입이다.

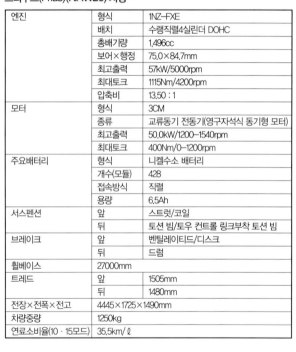

프리우스(Prius)(NHW20) 사양

엔진	형식	1NZ-FXE
	배치	수랭직렬4실린더 DOHC
	총배기량	1,496cc
	보어×행정	75.0×84.7mm
	최고출력	57kW/5000rpm
	최대토크	1115Nm/4200rpm
	압축비	13.50 : 1
모터	형식	3CM
	종류	교류동기 전동기(영구자석식 동기형 모터)
	최고출력	50.0kW/1200-1540rpm
	최대토크	400Nm/0-1200rpm
주요배터리	형식	니켈수소 배터리
	개수(모듈)	428
	접속방식	직렬
	용량	6.5Ah
서스펜션	앞	스트럿/코일
	뒤	토션 빔/토우 컨트롤 링크부착 토션 빔
브레이크	앞	벤틸레이티드/디스크
	뒤	드럼
휠베이스		27000mm
트레드	앞	1505mm
	뒤	1480mm
전장×전폭×전고		4445×1725×1490mm
차량중량		1250kg
연료소비율(10 · 15모드)		35.5km/ℓ

버튼을 눌러서 주차 형태를 결정하면, 핸들을 정면으로 두고 자동조타에 맡긴다. 모터 출력관계로 정지 상태에서 핸들을 완전히 꺾지는 못하지만, 꺾었다 풀었다를 반복하는 섬세한 조타는 운전자의 감각을 뛰어넘고 있었다. 이것이 그다지 인기를 못 끌었던 것은 가격 탓이 아니다. 차량 기본 가격이 초대보다 3만엔 싸고, 음성안내 내장 DVD 내비게이션, 선명하진 않아도 컬러로 표시되는 모니터, TV 튜너, 휴대전화 핸즈프리 기능 등을 포함한 세트 옵션 가격도 상당히 싸다고 생각했는데, 솜씨 자랑이 컸던 탓일까. 자동 주차 보조(어시스트)가 보급되는 것은 전자제어에 의한 후륜전타기능이 추가될 때였어야 할 것이다.

그러고 보면 어떤 명인 기술자도 사실 후륜전타를 자유롭게 제어하기는 어려울지 모르겠다. THS가 THS II로 진화하는 방향은 2000년 초대 부분적인 소규모의 외형 변경 시점에서 읽혀졌다.

애초에 초대(NHW10형) 형식은 1.2V 셀을 6개 연결한 7.2V 모듈 40개=288V였지만, 개선 작업(NHW11형)에 의해 38개=273.6V로 되었고, 연결방법 합리화 및 콤팩트화로 76kg을 52kg으로 경감시키는 동시에 짐칸 공간을 늘렸다. 한편 셀 접속구조 개량, 내부저항 절감에 의해 출력밀도를 35% 높였기 때문에, 부분적인 소규모의 외형 변경 후에는 「거북이」램프가 들어온다는 얘기를 듣지 못하게 되었다. 또한 2세대는 용적을 75%나 더 축소했고, 7.2V 모듈을 28개=202V로 줄여 배터리 중량은 45kg이 되었다. 그리고 보조기기 배터리용 접속단자를 앞으로 옮겨 바닥을 평평하게 했다.

다만 2세대에는 변압회로를 추가해 500V까지 승압할 수 있는 가변제어를 적용했다. 그런데도 인버터를 포함한 네모진 상자(파워 컨트롤 유닛이라고 부른다)가 크지 않은 것은 "파워=전압×전류" 관계에서 전압이 높아지면 전류가 낮아지고, 전류가 같다면 출력이 커지는 원리로 고출력 및 큰 토크화가 실현되었기 때문이다.

제어회로 통합도 진행된 결과이다. 저전류라면 손실을 줄일 수 있는 동시에 발열 불안도 적어진다.

모터의 최고 출력을 50kW=68ps/1,200～1,540rpm으로, 최대 토크도 400Nm= 40.8kgm/0～1,200rpm으로 크게 향상시켰다. 발전기는 로터 강도를 확보함으로써 고속회전화가 가능해져 공급 전류량을 늘렸다. 실제로 최고 10,000rpm까지 올라간다.

당연히 중속영역까지 공급 출력이 늘어나 가속·등판성능 향상되었다. 이러한 대부분이 「거북이」마크가 점등되지 않았던 이유이다.

직렬(시리즈) 및 병렬(패럴렐) 동력분담과 협조를 하는 유성기어 기구의 요소는 초대 프리우스(Prius)를 설명하는 페이지에서 설명했다. 부연하면, 링 기어와 유성 캐리어 상호의 회전속도차가 변속비를 무(無)단계로 바꿔 가는 구조임은 알 것이다. 링 기어 회전이 감속되어 앞쪽 차동장치에서 전륜 축으로 전달되는 것은 말할 것도 없다.

하지만, 서서히 발진하는 D 레인지의 모터 구동영역에서는 엔진 정지로 인해 유성 캐리어는 공전하지 않지만, 피니언이 자전해 선 기어(발전기)를 역회전시키는 것은 아닐까? 분명 역회전하는 것은 맞지만 너무 느리게 회전할 뿐이기 때문에 발전은 하지 않는다.

그러면, R 레인지(후진)할 때는 어떻게 되는가?
물론 링 기어(모터)가 역회전한다. 엔진정지 때라면 피니언 기어는 공전하지 않고, 자전해서 선 기어를 돌린다. 에어컨 작동할 때 등은 엔진이 정회전 밖에 하지 않기 때문에, 피니언 기어가 공전하면서 아주 급하게 자전해서 선 기어를 회전시킨다.

그러면 B 레인지는 어떠한가? 적극적으로 엔진 브레이크가 필요한 상황에서 사용한다. 다만 내리막길에서 엔진은 정지되며, 유성 캐리어는 멈추지만, 링 기어 회전에 따라 피니언 기어가 공전해 선 기어(발전기)를 돌리는 한편, 엔진 브레이크 상당의 제동력을 모터에 발생시킨다. 그 제동력이 D 레인지보다 B 레인지에서 강해진다고 생각하면 되겠다.

또한 2세대는 EV 스위치를 추가해 모터 주행영역을 늘렸다. HV 배터리 잔량에 따라 다른데, 60km/h에서 제한장치(limiter)가 작동하긴 하지만 EV 주행으로 약 2km 정도를 달릴 수 있다.

엔진 본체의 출력도 증가되었다. 외형적인 압축비가 13:1로 낮아진 것은, 최대 토크 115Nm가 발생할 때마다 흡입밸브 닫힘 타이밍을 약간 빠르게 해 실효 배기량을 늘린 것에 대한 입증일까. 결과적으로 최고 출력이 57kW로 향상되었다.

그러나 휠베이스 연장과 외형 확대로 최소 회전반경이 0.4m 커진 것은 어쩔 수 없는 상황이다. 다만 파워 스티어링에 전자제어 기능을 추가해 오버 스티어가 날 것 같으면 스티어링 타(舵)쪽으로 보조(어시스트)량을 늘려 언더 스티어에는 조타력을 늘리는 것과 동시에 엔진 및 모터의 출력을 낮춘다. 추가적으로 각 바퀴마다 독립 브레이크 제어를 하게 됨으로써 차량자세

를 안정적인 방향인 안쪽으로 향하게 한다. [G기종 전용이라고는 하지만 S-VSC(Steering-assisted Vehicle Stability Control)를 표준으로 장착했다.]

초대와 비교해 핸들을 꺾으면서 느껴지는 위화감이 해소된 것은 전동 모터의 관성을 없앴기 때문이다. 그러나 직진성 향상은 3세대 등장까지 기다려야 했다. 서스펜션은 전륜 스트럿, 후륜 이터빔 액슬로써 전륜쪽은 서브 프레임이 낮아진 것과 스태빌라이저 강화, 후륜쪽은 HV 배터리를 낮은 위치로 옮긴 효과도 있어서 갑자기 전해오는 롤이 약해졌다. 하지만 승차감은 약간 좋지 못했던 것으로 기억한다.

하이드로 브레이크는 전동 펌프로 마스터 실린더에 측압시켰다가 압력이 낮아지면 펌프로 전원이 들어간다. 브레이크를 밟는 힘에 맞는 제동압력으로 유압을 조정하기 위해, 2세대는 브레이크 바이 와이어를 사용하여 제동감각이 초대와 비교해 좋아졌다.

가속도 0.2G에서는 정지직전까지 회생 브레이크하고 0.6G라면 회생과 유압으로 제동을 개시한다. ABS가 작동하면 회생이 중지된다. 말할 것도 없이 회생 브레이크는 전류 디스크에서만 작동한다. 급히 제동력을 높이는 브레이크 보조(어시스트)=BA, 하중변화에 대응해 전후제동력을 최적 배분하는 EBD(Electronic Brake force Distribution) 표준 장비는 당연히 갖춰져 있다.

반 이상은 2세대의 통계지만, 초대와 합쳐서 프리우스(Prius)는 2008년 말까지 120만대가 판매되었다. 신형 3세대도 평가가 아주 좋아서 판매 대수를 늘리고 있는 사실은 여러분이 아시는 대로이다.

▲ 철저하게 공력 처리한 결과, Cd 값 0.26을 달성하였다. 양력계수 Cl 값은 전륜이 -0.004, 후륜이 0.074로 상당히 뛰어났다. 공력과 패키징을 양립시킨 「트라이앵글 모노폼」이 완성되었다.

◀ 2세대 프리우스는 단일 차종 경주(하나의 회사에서 만든 단일 차종 또는 동일한 차체구조를 가진 자동차만을 사용하여 하는 자동차 경주: one-make racing) 출전을 염두에 두어, 엔진과 모터의 출력을 상승시킨 시범 모델이 쇼에 전시되었다. 3세대에서 단일 차종 경주(원 메이크 레이싱: one-make racing)가 실현될 수 있을지 여부가 주목된다. [2007년부터 연비를 중심으로 한 에코 런 중심의 프리우스 컵이 개최 중].

▲ 프리우스는 이 사진의 2세대도 현재의 3세대도 토요타시 쓰쯔미공장에서 생산된다. 공장 라인에서는 캠리, 프레미오/아리온 등과의 혼합 라인에서 프리우스를 생산하고 있다. 2세대는 3세대로 모델을 변경할 때까지 매년 생산량이 늘었던 진귀한 예도 있었다.

Motor Fan
illustrated

MFi 과월호 안내

구입은 www.gbbook.co.kr 또는 영업부 Tel_ 02-713-4135로 연락주시길 바랍니다.
본 서적은 일본의 삼영서방과 도서출판 골든벨의 재고량에 따라 미리 소진될 수 있음을 알려 드립니다.

Vol.1 디젤 신시대

Vol.2 재고 없음 하이브리드차의 능력

Vol.3 최신 서스펜션도감

Vol.4 패키징 & 스타일링론

Vol.5 재고 없음 엔진 기초지식과 최신기술

Vol.6 4WD 최신 테크놀로지

Vol.7 안전기술의 현재

Vol.8 재고 없음 트랜스미션

Vol.9 ITS 고도정보화 교통시스템

Vol.10 재고 없음 보디 컨스트럭션

Vol.11 조향 · 브레이크의 테크놀로지

Vol.12 쇽업소버의 테크놀로지

Vol.13 과급 엔진 테크놀로지

Vol.14 엔진의 배기다기관 디자인
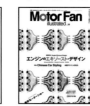

Vol.15 최신 자동차기술총감

Vol.16 Electric Drive

Vol.17 랜서 에볼루션

Vol.18 자동차의 플랫프레임

Vol.19 로터리 엔진

Vol.20 수평대향 엔진 테크놀로지

Vol.21 변속기 진화론

Vol.22 차세대 자동차 개발 최전선

Vol.23 에어로 다이나믹스 자동차의 공력 개발

Vol.24 구동계 완전 이해

Vol.25 디젤의 역량

Vol.26 가솔린의 테크놀로지

Vol.27 최신 자동차기술총감 (2008~2009)

Vol.28 배기열 이용의 테크놀로지
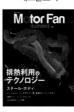

Vol.29 시트의 테크놀로지

Vol.30 레이싱 엔진

Vol.31 독일 엔진

Vol.32 미드십 레이아웃